W0062610

Hubert Reeves · Joël de Rosnay
Yves Coppens · Dominique Simonnet

Die schönste
Geschichte der Welt
Von den Geheimnissen
unseres Ursprungs

Aus dem Französischen von
Friedrich Griese

BASTEI-LÜBBE-TASCHENBUCH
Band 60475

Sie finden uns im Internet unter
http://www.luebbe.de

INHALT

PROLOG

Woher kommen wir? Wer sind wir? Wohin gehen wir? Das sind die einzigen Fragen, die es wert sind, gefragt zu werden. Jeder hat auf seine Weise nach einer Lösung des Rätsels gesucht, im Funkeln eines Sterns, in der Dünung des Meeres, im Blick einer Frau oder im Lächeln eines Neugeborenen ... Warum leben wir? Warum gibt es eine Welt? Warum sind wir hier?

Eine Antwort hat bisher nur die Religion, der Glaube geboten. Jetzt hat sich auch die Wissenschaft eine Meinung gebildet. Sie verfügt inzwischen – vielleicht ist das eine der größten Errungenschaften dieses Jahrhunderts – über eine vollständige Darstellung unserer Ursprünge. Sie hat die Geschichte der Welt rekonstruiert.

Was hat sie so Außergewöhnliches entdeckt? Das Folgende: Es ist ein und dasselbe Abenteuer, das sich seit fünfzehn Milliarden Jahren abspielt und das als Folge einzelner Kapitel eines langen Epos das Universum, das Leben und den Menschen miteinander verbindet. Es ist ein und dieselbe Evolution vom Urknall bis zum Denken, die in Richtung wachsender Komplexität treibt: von den ersten Teilchen, Atomen, Molekülen und Sternen über die Zellen, Organismen und Lebewesen bis hin zu jenen seltsamen Tieren, die wir Menschen darstellen ... Alles folgt aufeinander innerhalb ein und derselben Kette, alles wird von ein und derselben Bewegung mitgerissen. Wir stammen von den Affen und den Bakterien ab, aber auch von den Sternen und Galaxien. Die Elemente, aus denen unser Körper besteht, sind dieselben, aus denen sich einst das Universum bildete. Wir sind die Kinder der Sterne.

Das ist eine verstörende Idee, denn sie macht die alten Gewißheiten und Vorurteile zunichte. Aber seit der Antike haben die Fortschritte des Erkennens dem Menschen immer wieder von neuem seinen angemessenen Platz innerhalb des Ganzen zugewiesen.

Wir glaubten, im Mittelpunkt des Universums zu leben. Doch da traten Galilei, Kopernikus und all die anderen auf und befreiten uns von diesem Irrtum: In Wirklichkeit bewohnen wir einen gewöhnlichen Planeten am Rande einer unscheinbaren Galaxie.

Wir hielten uns für ursprüngliche Schöpfungen, weit entfernt von den übrigen Lebewesen. Nichts davon! Darwin setzte uns zusammen mit den anderen auf den gemeinsamen Stammbaum der tierischen Evolution ... Wir werden uns also ein weiteres Mal unseren unangebrachten Stolz verkneifen müssen: Wir sind die letzten Produkte der Organisation des Universums.

Diese neue Geschichte der Welt wollen wir hier erzählen, im Lichte unserer aktuellsten Erkenntnisse. Ihre Darstellung wird eine erstaunliche Geschlossenheit erkennen lassen. Man wird sehen, wie die Elemente der Materie sich zu komplexeren Strukturen zusammenfügen, die sich wiederum zu noch komplizierteren Gefügen zusammenschließen, die dann ihrerseits ... Das gleiche Phänomen der natürlichen Auslese orchestriert jeden einzelnen Satz dieser großen Partitur, von der Organisation der Materie im Universum über das Spiel des Lebens auf der Erde bis hin zur Bildung der Neuronen in unserem Gehirn. So, als gäbe es eine »Logik« der Evolution.

Wo bei alledem Gott bleibt? Es gibt Entdeckungen, die gelegentlich mit ganz persönlichen Überzeugungen übereinstimmen. Selbstverständlich halten wir die Gattungen auseinander. Wissenschaft und Religion beziehen sich nicht auf denselben Bereich. Die erstere lernt, die letztere lehrt. Wird die eine vom Zweifel vorangetrieben, so wird die andere vom

Glauben zusammengehalten. Das heißt nicht, daß sie einander nichts zu sagen hätten. Unsere neue Geschichte der Welt geht spirituellen und metaphysischen Fragen durchaus nicht aus dem Wege. In dem einen oder anderen Kapitel wird man ein wenig vom biblischen Licht bemerken, das Echo eines antiken Mythos vernehmen und sogar Adam und Eva in der afrikanischen Savanne begegnen. Die alten Debatten werden durch die Wissenschaft aktualisiert, aufgefrischt, aber sie verstummen nicht. Jeder kann seine eigene Wahl treffen.

Unser Bericht stützt sich auf die neuesten Entdeckungen, die sich revolutionären Hilfsmitteln verdanken: den Sonden, die das Sonnensystem erkunden, den Raumteleskopen, die die fernsten Winkel des Universums durchstöbern, den großen Teilchenbeschleunigern, die seine ersten Momente nachzeichnen ... Aber auch den Rechnern, die das Auftreten des Lebens simulieren, den Technologien der Biologie, der Genetik, der Chemie, die das Unsichtbare und das unendlich Kleine aufdecken. Er stützt sich ferner auf die aktuellen Fossilienfunde, die Fortschritte der Datierung, die es erlauben, die Entwicklung der Vorläufer des Menschen mit verblüffender Genauigkeit zu rekonstruieren.

Auf diese letzten Funde gestützt, wendet unsere Geschichte sich an alle, vor allem an die Laien, jung und alt, ungeachtet ihres Kenntnisstandes. Spezialistentum und komplizierte Fachausdrücke wurden hier vermieden. Und man hat sich nicht gescheut, naive Fragen zu stellen, wie Kinder es tun: Woher wissen wir etwas über den Urknall? Woher wissen wir, was der Cromagnon-Mensch gegessen hat? Warum ist der Himmel nachts dunkel? Wir haben den Wissenschaftlern nicht aufs Wort geglaubt, sondern sie gebeten, ihre Beweise auf den Tisch zu legen.

Jede Fachdisziplin ist auf der Suche nach einem Ursprung: Die Astrophysiker suchen den des Universums, die Biologen den des Lebens, die Paläontologen den des Menschen. Deshalb spielt unsere Geschichte sich wie ein Drama in drei Akten ab – das Universum, das Leben, der Mensch – und erstreckt sich auf diese Weise über rund fünfzehn Milliarden Jahre. Jeder Akt umfaßt drei Szenen, in denen jeweils in chronologischer Reihenfolge alle unbelebten und lebenden Akteure dieses langwierigen Abenteuers aufgerufen werden. Wir werden ihnen im Dialog mit drei Persönlichkeiten folgen, die als die besten Fachleute Frankreichs auf ihrem Gebiet gelten. Wir vier hatten vor einigen Jahren ein erstes gemeinsames Gespräch für das Magazin *L'Express* aufgezeichnet und haben durch diese Erfahrung Appetit auf mehr bekommen. Im Laufe einiger Sommerabende haben wir das Abenteuer der Welt mit Lust und Leidenschaft nachgezeichnet. Möge sich dem Leser etwas davon mitteilen.

IM ERSTEN AKT fängt unsere Geschichte also an … Aber kann man wirklich von einem »Anfang« sprechen? Die Vorstellung von einem Anfang ist durchaus keine Nebensache; sie steht im Mittelpunkt metaphysischer Debatten und wirft die faszinierende Frage der Zeit auf. Wir werden sie anhand der fernsten Vergangenheit aufgreifen, die der Wissenschaft zugänglich ist: des berühmten, fünfzehn Milliarden Jahre zurückliegenden Urknalls, jenes unbekannten Lichts, das vor der Entstehung der Sterne da war. Und wir werden uns wie Kinder die durchaus angebrachte Frage stellen: Was gab es vorher?

Seit diesem »Anfang« vereinigt sich die weißglühende Materie unter der Einwirkung erstaunlicher Kräfte, die noch heute wirksam sind. Woher kommen sie? Warum sind sie unwandelbar, während sich ringsum alles verändert? Sie lenken während unserer gesamten Geschichte den einem großen Stabilbaukasten vergleichbaren Aufbau des Universums. Und während das Universum sich ausdehnt und abkühlt, führen sie zu eigenartigen Zusammenballungen, den Sternen, den Galaxien, um schließlich am Rande einer dieser Galaxien einen Planeten hervorzubringen, dem ein beachtlicher Erfolg bevorsteht. Was sind das für geheimnisvolle Kräfte? Woher kommt diese unaufhaltsame Zunahme der Komplexität? Sind jene Kräfte älter als das Universum?

HUBERT REEVES wird uns darüber Klarheit verschaffen. Bei dem außergewöhnlich liebenswürdigen Astrophysiker, der wunderbare Bücher zum Thema geschrieben hat, geht die Exaktheit des Wissenschaftlers Hand in Hand mit der Einfachheit des populärwissenschaftlichen Autors. Liegt es etwa daran, daß es ihm fern der Computer, die ihn im Beruf umgeben, hin und wieder schon einmal passiert, daß er als schlichter Amateur mit einem bescheidenen Fernrohr den Himmel über Burgund betrachtet? Hat der Blick in die Ferne des Alls – und damit in die ferne Vergangenheit – ihn das wahre Maß der Zeit gelehrt? Er kommt jedenfalls gleich aufs Wesentliche: die Schönheit einer Gleichung, den Glanz einer Galaxie, die Klage einer Violine, den samtigen Charakter eines Chablis … Für den, der ihn in seiner Privatsphäre kennenlernen darf, steht zweifelsfrei fest: Seine Weisheit ist echt. Hubert Reeves ist ein ehrlicher Mensch, er gehört also einer aussterbenden Gattung an, die sich unbeirrbar um das Gleichgewicht zwischen Wissenschaft und Kunst, Kultur und Natur bemüht und die weiß, daß die Suche nach unseren Ursprüngen eine Dimension kennt, die in keine Formel zu fassen und in keine Theorie zu pressen ist: die Dimension unseres Staunens vor dem Mysterium und der Schönheit.

DER ZWEITE AKT beginnt vor 4,5 Milliarden Jahren auf diesem sonderbaren Planeten, der weder zu nah noch zu weit um eine geeignete Sonne kreist. Die Materie geht weiterhin

ihrer rasenden Kombinationstätigkeit nach. Auf der Oberfläche der Erde beginnt in neuen Schmelztiegeln eine andere
Alchimie: Die Moleküle verbinden sich zu fortpflanzungs-
fähigen Strukturen und lassen erst seltsame Tröpfchen, dann
die ersten Zellen entstehen, die sich zu Organismen zusammentun, sich diversifizieren, sich ausbreiten, den Planeten besiedeln, die tierische Evolution auslösen und die Kraft des Lebens durchsetzen.

Es ist nicht leicht, sich vorzustellen, daß das Leben aus
dem Unbelebten hervorgegangen ist. Jahrhundertelang war
man der Ansicht, das Leben sei allzu komplex, allzu vielfältig,
kurz, allzu »intelligent«, als daß es ohne ein wenig göttliche
Nachhilfe entstanden sein könnte. Heute ist die Frage entschieden: Das Leben entspringt derselben fortgesetzten Evolution der Materie, es ist nicht eine Frucht des Zufalls. Wie hat
sich dann der Übergang vom Unbelebten zum Lebendigen
vollzogen? Wie hat das Leben die Fortpflanzung, die Sexualität und den Tod, seinen unzertrennlichen Begleiter, »erfunden«?

JOËL DE ROSNAY gehört zu denjenigen, die es wissen müssen.
Doktor der Naturwissenschaften, vormals Direktor am In-
stitut Pasteur, heute Direktor in der Cité des sciences et de
l'industrie, hat er als einer der ersten unsere Kenntnisse von
den Ursprüngen des Lebens zusammenhängend dargestellt,
in einem Werk, das eine ganze Generation geprägt hat. Seiner
Ausbildung nach organischer Chemiker, seiner Berufung nach
Verfasser populärwissenschaftlicher Werke und unermüdlicher
Anreger, ist er anderen stets um ein Jahrzehnt voraus und
trägt die neuesten Ideen aus der ganzen Welt zusammen. Ein
Apostel der Systemtheorie und Pionier der globalen Kommunikation, war auch er stets bestrebt, die Ökologie und den
modernen Fortschritt, die belebte Welt und die Technik in
Einklang zu bringen, so als sei er mit dem nötigen Abstand

besser als seine Zeitgenossen imstande, den Planeten als Ganzes zu sehen. Dabei hat er seine Passion für die Ursprünge und die strenge Wissenschaftlichkeit nicht aufgegeben.

IM DRITTEN AKT füllt in einem schönen, von einer Trockensavanne gebildeten Bühnenbild die letzte Wandlung des Lebendigen die ganze Szene aus. Es erscheint der Mensch. Tier, Säuger, Wirbeltier und dazu noch ein Primat … Daß wir alle afrikanische Affen sind, steht inzwischen fest. Kinder von Affen also oder vielmehr von jenem urzeitlichen Individuum, das sich einst in Afrika zum ersten Mal auf seinen Hinterbeinen erhoben und begonnen hat, die Welt von einem höheren Aussichtspunkt aus zu betrachten als seine Artgenossen. Doch weshalb hat er es getan? Welcher Antrieb hat ihn dazu gebracht?

Natürlich kennt man unsere äffische Abstammung schon seit über hundert Jahren, und mühsam versucht man seither, sich mit ihr abzufinden. Doch in den letzten Jahren hat sich das Wissen über unsere Herkunft explosionsartig gemehrt, und das hat unseren Stammbaum so stark erschüttert, daß dabei einige behaarte Arten heruntergefallen sind … Heute wird bei der Inszenierung dieses dritten Aktes, der menschlichen Komödie, endlich die Einheit von Zeit und Ort beachtet. So als habe er die Materie abgelöst, hat der Mensch einige Jahrmillionen dazu genutzt, sich seinerseits weiterzuentwickeln und immer kompliziertere Dinge zu erfinden: das Werkzeug, die Jagd, den Krieg, die Wissenschaft, die Kunst, die Liebe und jene sonderbare, ihn ständig quälende Neigung, sich Gedanken über sich selbst zu machen. Wie hat er all diese Neuheiten entdeckt? Warum hat sein Gehirn sich ununterbrochen entwickelt? Was ist aus unseren Vorfahren geworden, die es nicht »geschafft« haben?

YVES COPPENS, Professor am Collège de France, ist schon in jungen Jahren in den Kessel der Paläontologie gefallen: Als Kind sammelte er bereits Fossilien und träumte von gallischen Grabungsstätten. Rastlos hat er nach den Spuren des Wandels seiner fernen Vorfahren gesucht und hat sich genau in dem Moment in die Paläontologie begeben, als diese in Afrika ihre Glanzzeit erlebte. Zusammen mit anderen hat er das berühmteste unserer Skelette ans Licht gefördert: Lucy, die junge (und hübsche?) Australopithecusfrau, 3,5 Millionen Jahre alt und in der Blüte ihrer Jahre gestorben. Für diesen höflichen und gutmütigen Knochenforscher wie für seine Kollegen ist die Geburt der Menschheit kein Zufall, sondern Teil jener fortgesetzten Entwicklung des Universums, deren letzte Blüten wir sind. Und wie seine Kollegen kennt er das Maß der Zeit: Was sind unsere Jahrtausende der Zivilisation im Vergleich zu den Jahrmillionen, die der Mensch benötigte, um das Tierische abzustreifen? Welchen Wert haben unsere aktuellen Possen angesichts der fünfzehn Milliarden Jahre, die für die Herausbildung unserer Komplexität nötig waren?

UNSERE GESCHICHTE ist sicherlich noch nicht zu Ende. Fast möchte man sagen, daß sie erst beginnt. Es hat nämlich ganz den Anschein, daß die Komplexität weiterhin zunehmen und die Evolution weitergaloppieren wird. Daher konnten wir unsere Erzählung nicht bei unserer seltsamen Epoche abbrechen, ohne uns die letzte Frage zu stellen: Wohin gehen wir? Wie wird dieses langwierige Abenteuer, das ein kosmisches, ein chemisches und ein biologisches war und nun zu einem kulturellen wird, weitergehen? Wie sieht die Zukunft des Menschen, des Lebens, des Universums aus? Natürlich hat die Wissenschaft nicht auf alles eine Antwort. Sie kann es jedoch mit einigen hübschen Vorhersagen probieren. Wie wird der Körper des Menschen sich weiterentwickeln? Was weiß man über die Evolution des Universums? Gibt es andere Lebensformen? Wir werden darüber zu viert diskutieren, an Stelle eines Epilogs.

Eine Vorbemerkung noch. Wir haben hier jede deterministische Anwandlung, jede finalistische Voreingenommenheit zu vermeiden getrachtet. Möge der Leser uns verzeihen, wenn uns gelegentlich um eines leichteren Verständnisses willen gewagte Formulierungen entschlüpft sind: Nein, man kann nicht sagen, daß die Materie »erfindet«, daß die Natur »fabriziert« oder daß das Universum »weiß«. Die erwähnte »Logik« der Organisation ist lediglich eine Feststellung. Die Wissenschaft versagt es sich, dahinter eine Absicht zu erkennen. Das mag jeder auf seine Weise deuten. Wenn unsere Geschichte trotzdem einen Sinn zu haben scheint, so läßt sich gleichwohl nicht behaupten, daß unser Erscheinen unausweichlich war, jedenfalls nicht auf diesem kleinen Planeten. Wer weiß, wie viele fruchtlose Wege die Evolution eingeschlagen hat, bevor sie unsere Geburt feiern konnte? Wer kann leugnen, daß dieses Resultat noch immer äußerst fragil ist?

Ja, es ist sicherlich die schönste Geschichte der Welt, denn es ist unsere. Wir tragen sie ganz tief in uns: Unser Körper ist aus Atomen des Universums zusammengesetzt, unsere Zellen enthalten ein Quentchen Urozean, die Mehrzahl unserer Gene teilen wir mit unseren Primaten-Nachbarn, unser Gehirn weist die Schichten der Evolution der Intelligenz auf, und wenn es sich im Mutterleib heranbildet, durchmißt das Menschenkind im Eilmarsch den Ablauf der tierischen Evolution. Die schönste Geschichte der Welt – wer könnte es bestreiten?

Doch ungeachtet dessen, ob wir einen mystischen oder einen wissenschaftlichen Blick auf unsere Ursprünge werfen, ob wir einer deterministischen oder einer skeptischen, einer religiösen oder einer agnostischen Überzeugung anhängen, enthält diese Geschichte nur eine einzige gültige Moral, nur eine einzige wesentliche Gegebenheit: Wir sind angesichts des Universums nichts als lächerliche Fünkchen. Möchten wir doch die Weisheit besitzen, das nicht zu vergessen.

Dominique Simonnet

ERSTER AKT

DAS UNIVERSUM

1. Szene:
DAS CHAOS

Die Bühne ist leer, unendlich. Überall ist nichts als erbarmungslose Klarheit, das Licht eines weißglühenden Universums, das Chaos einer Materie, die bisher weder einen Sinn noch einen Namen hat …

Aber was gab es »vorher«?

DOMINIQUE SIMONNET: Eine Explosion des Lichts in der Nacht der Zeiten, das ist der Anfang unserer Geschichte, der Ursprung des Universums, wie ihn uns die Wissenschaft seit einigen Jahren schildert. Bevor wir auf dieses Phänomen eingehen, kann man nicht umhin, sich die naive Frage zu stellen: Was gab es vorher?

HUBERT REEVES: Wenn vom Anfang des Universums die Rede ist, stößt man sich unvermeidlich an der Wortwahl. Das Wort »Ursprung« bezeichnet für uns ein Ereignis in der Zeit. Unser persönlicher »Ursprung« zum Beispiel ist der Moment, in dem unsere Eltern sich geliebt und uns gezeugt haben. Er kennt ein »vorher« und ein »nachher«. Wir können ihn datieren, in den historischen Ablauf einordnen. Und wir erkennen an, daß die Welt vor diesem Augenblick existierte.

Aber hier geht es um den Ursprung der Ursprünge, den allerersten …

Und das ist genau der große Unterschied. Man kann ihn nicht als ein Ereignis betrachten, das mit irgendeinem anderen vergleichbar wäre. Wir befinden uns in der Situation der Urchristen, die sich fragten, was Gott tat, bevor er die Welt schuf. Die landläufige Antwort war: »Er bereitete die Hölle für diejenigen vor, die sich diese Frage stellen!« ... Augustinus war anderer Meinung. Er hatte die Schwierigkeit einer solchen Fragestellung sehr wohl erkannt. Sie setzte voraus, daß die Zeit »vor« der Schöpfung existierte. Er antwortete darauf, daß mit der Schöpfung nicht nur die Materie, sondern auch die Zeit erschaffen wurde! Damit steht er der Auffassung der modernen Wissenschaft ziemlich nahe. Raum, Materie und Zeit sind unauflöslich. In unseren Kosmologien treten sie zusammen in Erscheinung. Wenn es einen Ursprung des Universums gibt, dann ist er auch der Ursprung der Zeit. Es gibt also kein »vorher«.

»Wenn es einen Ursprung des Universums gibt«, sagen Sie ... Das steht also nicht fest?

Wir wissen es nicht. Die große Entdeckung dieses Jahrhunderts lautet, daß das Universum weder unwandelbar noch ewig ist, wie es die meisten Wissenschaftler angenommen hatten. Heute ist man davon überzeugt, daß das Universum eine Geschichte hat, daß es, als es sich ausdehnte, sich abkühlte und strukturierte, eine ununterbrochene Entwicklung durchgemacht hat. Dank unserer Beobachtungen und Theorien können wir das Szenario rekonstruieren und in der Zeit zurückgehen. Sie bestätigen, daß diese Evolution seit einem fernen Zeitpunkt im Gange ist, der je nach Schätzung bei zehn bis fünfzehn Milliarden Jahren angesetzt wird. Inzwischen besitzen wir zahlreiche wissenschaftliche Anhaltspunkte, um das Bild des Universums zu jenem Zeitpunkt zu zeichnen: Es ist völlig desorganisiert, es weist weder Galaxien noch Sterne noch Moleküle noch Atome auf, nicht einmal Atomkerne ... Es ist nichts als eine Suppe gestaltloser Materie, deren Temperatur Milliarden von Milliarden Grad beträgt. Dies ist es, was man den »Urknall« nennt.

Und vorher nichts?

Wir haben nicht den geringsten Anhaltspunkt, der in eine Zeit vor diesem Ereignis zurückweisen würde, nicht das geringste Indiz, das uns erlauben würde, weiter in die Vergangenheit zurückzugehen. Alle Beobachtungen, alle von der Astrophysik gewonnenen Daten enden an dieser Grenze. Heißt das, daß das Universum vor fünfzehn Milliarden Jahren »angefangen« hat? Ist dieser Urknall wirklich der Ursprung der Ursprünge? Wir wissen nichts darüber.

Aber das wird heute doch in den Schulen gelehrt: Das Universum hat vor fünfzehn Milliarden Jahren mit dem Urknall begonnen, einer ungeheuren Explosion des Lichts. Und das sagen doch auch die Forscher seit einigen Jahren immer wieder …

Wir haben uns vermutlich unklar ausgedrückt, und wir sind falsch verstanden worden. Von einem Anfang, einem wirklichen Beginn könnten wir sprechen, wenn wir sicher wären, daß es vor diesem Ereignis nichts gab. Nun sind aber bei so hohen Temperaturen unsere Begriffe von Zeit, Raum, Energie und Temperatur nicht anwendbar. Unsere Gesetze funktionieren nicht mehr, wir sind vollkommen ahnungslos.

Die Wissenschaftler weichen hier ein bißchen aus, nicht wahr? Wenn man eine Geschichte erzählt, gibt es immer einen Anfang. Wenn man jetzt von der »Geschichte« des Universums spricht, ist es nicht sinnlos, nach einem Anfang für sie zu suchen.

Gewiß haben alte Geschichten bei uns einen Anfang gehabt. Aber man muß sich vor Extrapolationen hüten. Gleiches läßt sich von Voltaires Uhr sagen: Ihre Existenz war seiner Ansicht nach ein Beweis für die Existenz eines Uhrmachers. Auf unserer Ebene ist gegen dieses Argument nichts einzuwenden, aber gilt das auch noch für die »Uhr« des Universums? Ich bin mir nicht sicher. Zumindest müßte man wissen, ob, wie Heidegger gesagt hat, unsere Logik die höchste Instanz ist, wenn man die auf der Erde gültigen Schlußfolgerungen auf das gesamte Universum übertragen will. Die einzig richtige Frage ist die Frage nach unserer Existenz, die Frage nach der Realität, nach unserem Bewußtsein: »Warum gibt es etwas und nicht vielmehr nichts?« hat sich Leibniz gefragt. Aber das ist eine rein philosophische Frage, die Wissenschaft kann sie nicht beantworten.

Der Horizont unseres Wissens

Könnte man, um diese unlösbare Frage zu umgehen, den Urknall als den Anfang von Raum und Zeit definieren?

Definieren wir ihn lieber als den Moment, in dem diese Begriffe anwendbar werden. Der Urknall ist in Wahrheit unser Horizont in der Zeit und im Raum. Wenn wir ihn als Nullpunkt unserer Geschichte betrachten, dann aus Bequemlichkeit und in Ermangelung eines Besseren. Wir sind wie Entdeckungsreisende vor einem Ozean: Wir sehen nicht, ob es hinter dem Horizont etwas gibt.

Wenn ich Sie richtig verstehe, dann ist der Urknall eigentlich so etwas wie eine Bezeichnung nicht der Grenze der Welt, sondern unseres Wissens.

Genau. Aber aufgepaßt: Wir sollten daraus wiederum nicht folgern, daß das Universum keinen Ursprung hat. Wie gesagt, wir wissen nichts darüber. Einigen wir uns der Einfachheit halber darauf, daß unser Abenteuer vor fünfzehn Milliarden Jahren in jenem unendlichen und gestaltlosen Chaos begonnen hat, das sich allmählich strukturiert. Jedenfalls ist es der Anfang unserer Geschichte der Welt, wie die Wissenschaft ihn heute rekonstruieren kann.

Die Fachleute können sich mit einer Abstraktion begnügen, die für den Urknall steht. Die anderen brauchen jedoch eine Metapher. Oft wird er beschrieben als eine Kugel konzentrierter Materie, die mit einem großen Lichtblitz explodiert und den ganzen Raum ausfüllt …

Vergleiche sind trügerisch. Diese Darstellung würde die Existenz von zwei Räumen voraussetzen, einem, der von Materie und Licht erfüllt ist und sich immer mehr in einen zweiten Raum hinaus ausdehnt, der leer und kalt ist. Im Urknallmodell gibt es nur einen Raum, der gleichförmig von Licht und Materie erfüllt ist und sich überall in Expansion befindet: Alle seine Punkte entfernen sich gleichförmig voneinander.

Schwer vorstellbar. Wie kann man sich den Urknall in diesem Fall bildlich vorstellen?

Notfalls kann man bei dem Bild von der Explosion bleiben, wenn man hinzunimmt, daß diese sich an jedem Punkt eines riesigen und möglicherweise (nicht sicher) unendlichen Raumes vollzog. Sicherlich schwer vorstellbar, aber ist das verwunderlich? Wenn wir uns solchen Maßstäben nähern, betreten wir ungewohntes Gelände, und unsere Vorstellungen sind ihnen nicht ganz gewachsen.

Und Gott?

Unendlich oder nicht, dieses Bild entspricht doch einigermaßen dem Bild, das die Bibel von der Schöpfung gibt: »Und es ward Licht« ...

Diese Ähnlichkeit hat übrigens lange der Glaubwürdigkeit der Urknalltheorie geschadet, als sie Anfang der 1930er Jahre vorgeschlagen wurde. Vor allem nach den Erklärungen von Papst Pius XII., daß die Wissenschaft das *»Fiat lux«* (»Es werde Licht!«) wiederentdeckt habe. Ebenso bezeichnend war damals die Haltung der Moskauer Kommunisten. Zunächst lehnten sie diese »päpstlichen Eseleien« total ab, aber dann merkten sie, daß diese Theorie das kommunistische Dogma des historischen Materialismus bekräftigen könnte. »Das hat schon Lenin gesagt!« ... Doch trotz solcher religiösen und politischen Vereinnahmungsversuche hat der Urknall sich schließlich durchgesetzt. Im Laufe der Jahrzehnte haben sich die Beweise für ihn zunehmend gehäuft, und heute erkennen praktisch alle Astrophysiker diese Theorie als das beste Modell der Geschichte des Kosmos an. Mit Ausnahme des englischen Astrophysikers Fred Hoyle, der ein glühender Verfechter eines stillstehenden Universums ist; er war es, der der Theorie den spöttischen Namen »Big Bang« (»Großer Knall«) gab, der ihr bis heute geblieben ist ...

Daß die Wissenschaft unterwegs wieder der Religion begegnet, ist doch nicht anstößig.

Sofern die jeweiligen Ansätze nicht verwechselt werden. Die Wissenschaft sucht die Welt zu verstehen; die Religionen (und die Philosophien) haben sich im allgemeinen zum Ziel gesetzt, dem Leben einen Sinn zu geben. Wenn jede auf ihrem Territorium bleibt, können Wissenschaft und Religion sich wechselseitig erhellen. Wann immer die Kirche versucht hat, ihre Welterklärung durchzusetzen, kam es zum Konflikt. Denken wir an Galilei, der zu seinen theologischen Widersachern sagte: »Sagt ihr uns, wie man in den Himmel kommt, und laßt uns euch sagen, wie der Himmel ›läuft‹.« Und denken wir an den Widerstand der Geistlichkeit gegen die Theorien Darwins. Die Wissenschaft interessiert sich für die sichtbaren und wahrnehmbaren Tatsachen. Sie erlaubt nicht, das, was sich »hinter« dem Sichtbaren befindet, zu interpretieren. Entgegen einer verbreiteten Meinung schließt sie Gott nicht aus. Sie kann weder seine Existenz noch seine Nichtexistenz beweisen. Dieser Diskurs ist ihr fremd.

Gleichwohl erklären nicht nur die christliche Religion, sondern auch zahlreiche Mythologien die Erschaffung der Welt mit einer Lichtexplosion. Ist das nicht verblüffend?

Tatsächlich stößt man in einer Reihe überlieferter Darstellungen auf das Bild eines anfänglichen Chaos, das sich zunehmend in ein organisiertes Universum verwandelt. Es ist zahlreichen Glaubensrichtungen gemeinsam; man begegnet ihm bei den Ägyptern, den nordamerikanischen Indianern, den Sumerern. Häufig wird dieses Chaos durch ein aquatisches Bild dargestellt, zum Beispiel durch einen in Dunkel gehüllten Ozean. »Nichts existierte außer dem leeren Himmel und dem ruhigen Meer in der tiefen Nacht«, erzählt die Überlieferung der Mayas. »Die ganze Erde war Meer«, heißt es in einem babylonischen Text. »Die Erde war wüst und leer, und Finsternis war über der Tiefe, und der Geist Gottes schwebte über den Wassern«, liest man in der biblischen Schöpfungsgeschichte. Häufig wird auch die Metapher vom Ei benutzt. Innerhalb des Eis wird aus einer scheinbar gestaltlosen Flüssigkeit ein Küken. Das ist ein schönes Bild für die Evolution des Universums. Bei den Chinesen trennt sich das Ei in zwei Hälften auf, deren eine den Himmel und die andere die Erde bilden wird. Allerdings wird das Chaos in diesen Mythologien mit dem Wasser und der Finsternis assoziiert. In der modernen Kosmologie wird es hingegen von der Wärme und dem Licht konstituiert.

Dennoch bestehen unbestreitbare Analogien zwischen der Darstellung der Wissenschaft und diesen Mythen ...

Ist das ein Zufall? Oder handelt es sich um ein intuitives Wissen? Wir selbst sind ja, wie man im Laufe dieser Geschichte sehen wird, aus dem Staub des Urknalls zusammengesetzt. Tragen wir möglicherweise das Gedächtnis des Universums in uns?

Die Entdeckung der Geschichte

Wie ist man auf die Idee eines ursprünglichen Chaos und einer Evolution des Universums gekommen?

Zwei Jahrtausende lang galt das Universum in der philosophischen Tradition als ewig und unveränderlich. Aristoteles hat sich zu diesem Thema klar geäußert, und über mehr als zweieinhalb Jahrtausende hinweg haben seine Ideen das abendländische Denken bestimmt. Die Sterne sind für ihn aus einem unvergänglichen Stoff, und die himmlischen Gefilde sind unwandelbar. Dank der modernen Instrumente wissen wir heute, daß er unrecht hatte. Die Sterne werden geboren und sterben, nachdem sie einige Millionen oder Milliarden Jahre gelebt haben. Sie leuchten, indem sie ihren Kernbrennstoff aufzehren, und erlöschen, wenn dieser erschöpft ist. Wir können ihnen sogar ein Alter zumessen.

Hatte noch nie jemand den Gedanken geäußert, daß der Himmel sich ändern könnte?

Doch, einige Philosophen nahmen es an, aber ihre Vorstellungen haben sich nicht durchgesetzt.

Lukrez, der römische Dichter und Philosoph des ersten vorchristlichen Jahrhunderts, behauptete, das Universum befinde sich noch in seiner Jugendzeit. Weshalb war er dieser Überzeugung, mit der er seiner Zeit weit voraus war? Er folgte einer raffinierten Überlegung. Ich habe, so sagte er, festgestellt, daß die Techniken sich seit meiner Kindheit vervollkommnet haben. Die Takelage unserer Schiffe wurde verbessert, es wurden immer wirksamere Waffen erfunden, immer raffiniertere Musikinstrumente geschaffen ... Bestünde das Universum seit Ewigkeit, so hätten all diese Fortschritte sich schon hundertmal, tausendmal, millionenmal vollziehen können! Ich müßte daher in einer vollendeten Welt leben, die sich nicht mehr verändert. Nun habe ich aber in den wenigen Jahren meiner Existenz so viele Verbesserungen feststellen können, und folglich existiert die Welt nicht seit Ewigkeit ...

Eine saubere Schlußfolgerung ...

... die von der Kosmologie heute durch drei Feststellungen bestätigt wird: Erstens hat die Welt nicht seit immer existiert; zweitens verändert sie sich; und drittens findet diese Veränderung ihren Ausdruck im Übergang vom weniger Wirksamen zum Wirksameren, also vom Einfachen zum Komplexen.

Die Zeitmaschine

Auf welche Entdeckungen gründet sich die moderne Wissenschaft?

Dank unserer physikalischen und astronomischen Instrumente finden wir Überbleibsel der Vergangenheit des Universums. Wir können seine Geschichte rekonstruieren, so wie die Prähistoriker anhand der in den Höhlen zurückgelassenen Fossilien die Vergangenheit der Menschheit rekonstruieren. Wir haben jedoch gegenüber den Historikern einen ungeheuren Vorteil: Wir können die Vergangenheit direkt sehen.

Wie denn das?

Für unsere Maßstäbe breitet sich das Licht sehr schnell aus, mit 300 000 Kilometern pro Sekunde. Für das Universum ist das eine lächerliche Geschwindigkeit. Vom Mond gelangt das Licht in einer Sekunde zu uns, von der Sonne in acht Minuten, doch vom nächsten Stern braucht es vier Jahre, vom Sternbild Wega aus acht Jahre, und von einigen Galaxien braucht es Milliarden Jahre. Mit unseren Teleskopen können wir heute sehr ferne Himmelskörper beobachten, zum Beispiel die Quasare, deren Helligkeit das Zehntausendfache unserer gesamten Galaxie erreicht. Einige sind zwölf Milliarden Jahre von uns entfernt. Wir sehen sie also in dem Zustand, in dem sie sich vor zwölf Milliarden Jahren befunden haben.

Wenn Sie Ihre Teleskope auf eine Region des Universums richten, beobachten Sie demnach einen Moment seiner Geschichte.

Richtig. Das Teleskop ist eine Maschine zum Zurückgehen in der Zeit. Anders als die Historiker, die niemals das antike Rom werden sehen können, können die Astrophysiker tatsächlich die Vergangenheit sehen und die Himmelskörper beobachten, so wie sie einst waren. Wir sehen den Orionnebel so, wie er am Ende des Römischen Reiches war. Und der mit bloßem Auge wahrnehmbare Andromedanebel zeigt sich uns als ein zwei Millionen Jahre altes Bild seiner selbst. Wenn die

Bewohner von Andromeda in diesem Moment unseren Planeten betrachten, sehen sie ihn mit demselben Abstand: Sie entdecken die Erde der Urmenschen.

Der Himmel, den wir in der Nacht beobachten, die Himmelskörper, die wir sehen, diese unzähligen Sterne, diese Galaxien sind also bloße Täuschungen, eine Überlagerung von Bildern der Vergangenheit?

Genaugenommen kann man den derzeitigen Zustand der Welt niemals sehen. Wenn ich sie betrachte, dann sehe ich sie in dem Zustand, in dem sie vor dem Bruchteil einer Mikrosekunde waren, dem Zeitraum, den das Licht benötigte, um zu mir zu gelangen. Im atomaren Maßstab ist eine hundertstel Mikrosekunde eine sehr lange Zeit, auch wenn sie für unser Bewußtsein nicht wahrnehmbar ist. Doch die Menschen verschwinden nicht innerhalb dieses Zeitraums, und ich darf getrost annehmen, daß sie noch immer da sind. Das gilt auch für die Sonne: Während der acht Minuten, die ihr Licht bis zu uns benötigt, verändert sie sich nicht. Auch die Sterne, die wir nachts mit unbewaffnetem Auge sehen, die, aus denen unsere Galaxie sich zusammensetzt, sind relativ nah. Anders verhält es sich jedoch mit den fernen Himmelskörpern, die wir mit Hilfe mächtiger Teleskope entdecken. Der Quasar, den ich in einer Entfernung von zwölf Milliarden Lichtjahren sehe, existiert vermutlich nicht mehr.

Wäre es demnach möglich, noch weiter zu blicken, in einen noch früheren Zeitpunkt der Vergangenheit, bis hin zu dem berühmten Horizont, dem Urknall?

Je weiter man in die Vergangenheit zurückgeht, desto undurchsichtiger wird das Universum. Es gibt eine Grenze, von jenseits derer das Licht nicht mehr zu uns gelangen kann. Dieser Horizont entspricht einem Zeitpunkt, in dem die Temperatur etwa 3 000 Grad Celsius beträgt. Nach dem herkömmlichen Urknallmodell ist das Universum da bereits 300 000 Jahre alt.

Die Beweise für den Urknall

Der Urknall bleibt also etwas sehr Abstraktes. Es ist sogar die Frage, ob er nicht bloß der Einbildung der Wissenschaftler entspringt, ob er eine echte Realität besitzt.

Die Urknalltheorie stützt sich, wie jede wissenschaftliche Theorie, zugleich auf eine Reihe von Beobachtungen und auf ein mathematisches System (Einsteins allgemeine Relativitätstheorie), aus dem die numerischen Werte abgeleitet werden können. Die Glaubwürdigkeit dieser Theorie beruht darauf, daß sie bereits das Ergebnis mehrerer Beobachtungen richtig vorhergesagt hat und daß diese Vorhersagen bestätigt wurden; das beweist, daß der Urknall nicht bloß der Einbildung der Wissenschaftler entspringt, sondern der Realität der Welt nahekommt.

Na gut. Aber wie kann man ihn beschreiben, wenn man ihn nicht sehen kann?

Er ist an etlichen Zeichen zu beobachten. Edwin Hubble, ein amerikanischer Astronom, stellte um 1930 fest, daß die Galaxien sich voneinander entfernen, und zwar mit einer Geschwindigkeit, die ihrem jeweiligen Abstand entspricht. Man kann an einen englischen Pudding denken, der in den Ofen geschoben wird: Je mehr er aufgeht, desto mehr entfernen sich die Rosinen voneinander. Diese Gesamtbewegung der Galaxien, die man als Expansion des Universums bezeichnet, wurde bestätigt, bis hin zu Geschwindigkeiten von Zigtausenden von Kilometern pro Sekunde. Nach Einsteins allgemeiner Relativitätstheorie entspricht diese Expansion einer fortschreitenden Abkühlung des Universums. Gegenwärtig hat es eine Temperatur von rund 3 Kelvin, also minus 270 Grad Celsius. Und diese Abkühlung ist seit rund fünfzehn Milliarden Jahren im Gange.

Woher weiß man das?

Lassen Sie uns versuchen, das Szenario zu rekonstruieren, indem wir den Film rückwärts ablaufen lassen. Je weiter wir in der Zeit zurückgehen, desto mehr rücken die Galaxien zusammen: Das Universum wird immer dichter, immer heißer, immer heller. So gelangt man zu einem Moment vor rund fünfzehn Milliarden Jahren, in dem Temperatur und Dichte gigantische Werte annehmen. Das ist es, was man als Urknall bezeichnet.

Unser englischer Pudding ist dann eine Teigkugel?

Vergleiche können, wie gesagt, täuschen. Der Vergleich vom Rosinenpudding drängt den Schluß auf, das das Universum kleiner war als heute. Das steht durchaus nicht fest. Es könnte sehr wohl unendlich sein und immer unendlich gewesen sein …

Moment! Wie kann man sich ein Universum vorstellen, das von Anfang an unendlich ist und dann zu wachsen beginnt?

Das Wort »wachsen« ist bei einem unendlichen Raum sinnlos. Sagen wir einfach, daß es dünner wird. Zum besseren Verständnis kann man sich ein Universum vorstellen, das nur eine Dimension besitzt: ein Lineal mit Zentimetereinteilung, das sich nach links und rechts ins Unendliche erstreckt. Stellen wir uns nun vor, daß es zu expandieren beginnt; dann entfernt sich jeder Zentimeterstrich von seinem Nachbarn. Die Abstände zwischen den Strichen werden größer und größer, doch das Lineal bleibt unendlich.

Die Entdeckung dieser Bewegung der Galaxien ist wohl nicht der einzige Beweis für den Urknall.

Es gibt noch einige andere. Nehmen wir zum Beispiel das Alter des Universums. Dafür gibt es unterschiedliche Meßverfahren, etwa die Bewegung der Galaxien oder das Alter der Sterne (wobei man ihr Licht analysiert) oder das Alter der Atome (wobei der Anteil gewisser Atome berechnet wird, die mit der Zeit zerfallen). Nach dem Urknallmodell muß das Universum älter sein als die ältesten Sterne und die ältesten Atome. In allen drei Fällen findet man nun ein ungefähres Alter von fünfzehn Milliarden Jahren, was zur Glaubwürdigkeit unserer Theorie beiträgt. Und schließlich haben auch wir unsere Fossilien …

Die Fossilien des Raumes

Fossilien? Vermutlich keine Muschelschalen oder Gebeine …

Nein, es geht um physikalische Phänomene aus den frühesten Zeiten des Kosmos; wir können aufgrund ihrer Merkmale die Vergangenheit rekonstruieren, wie es die Prähistoriker mit Knochensplittern tun. Zum Beispiel die »fossile Strahlung«, die zu einer Zeit emittiert wurde, als das Universum mehrere tausend Grad heiß war. Es ist ein Überrest des unheimlichen Lichts, das damals, kurz nach dem Urknall, existierte, ein bleiches, gleichförmig im Universum verteiltes Licht. Es gelangt zu uns in Form von Radiowellen im Millimeterbereich, die mit geeigneten Antennen in allen Himmelsrichtungen feststellbar sind. Es ist das Bild des Kosmos vor fünfzehn Milliarden Jahren, das älteste Bild der Welt.

Der Raum zwischen den Sternen ist also nicht leer?

Das Licht besteht aus Teilchen, den sogenannten Photonen. Jeder Kubikzentimeter Raum enthält rund 400 dieser Lichtkörnchen, die in ihrer überwältigenden Mehrheit seit den Anfängen des Universums unterwegs sind; der Rest wurde von den Sternen emittiert.

Wie hat man sie zählen können?

Tatsächlich messen wir die Temperatur des Raumes. Das ist namentlich dank der Raumsonden mit sehr großer Genauigkeit möglich: 2,716 Grad über dem absoluten Nullpunkt. Zwischen der Temperatur und der Zahl der Photonen besteht eine einfache Beziehung. Rechnerisch ergeben sich 403 Lichtkörnchen in jedem Kubikzentimeter Raum. Hübsch, nicht wahr?

In der Tat nicht übel.

Die Existenz dieser fossilen Strahlung ist übrigens 1948 von dem Astrophysiker George Gamow vorhergesagt worden, siebzehn Jahre vor ihrer Beobachtung. Diese Strahlung ergab sich für ihn zwangsläufig aus der Urknalltheorie.

Die Vorhersagen der Theorie entsprachen also den heutigen Beobachtungen?

Das Hubble-Raumteleskop hat uns noch zahlreiche andere Bestätigungen gebracht. Ein aktuelles Beispiel: Wir sehen eine ferne Galaxie so, wie sie zu einer Zeit war, als das Universum heißer war. Mit Hilfe dieses Teleskops konnte man die Temperatur der Strahlung bestimmen, von der eine Galaxie umgeben ist, die 12 Milliarden Lichtjahre entfernt ist. Man hat 7,6 Grad über dem absoluten Nullpunkt gemessen. Das ist genau die Temperatur, welche die Theorie vorhersagte. In der Zeit, die das Licht dieser Galaxie brauchte, um zu uns zu gelangen, ist die Temperatur auf 2,7 Grad Celsius gesunken, ein Beweis dafür, daß wir in einem kälter werdenden Universum leben.

Das Dunkel der Nacht

Gibt es weitere Beweise?

Ja. Auch die Heliumatome sind Fossilien. Ihr relativer Anteil am Universum stimmt ebenfalls mit der Theorie überein und deutet darauf hin, daß das frühe Universum eine Temperatur von mindestens zehn Milliarden Grad hatte. Es gibt auch indirekte Beweise, zum Beispiel die Dunkelheit des Nachthimmels.

Wieso ist das ein Beweis für die Evolution des Universums?

Wären die Sterne, wie es Aristoteles annahm, ewig und unwandelbar, dann wäre die Menge des Lichts, das sie während einer unendlichen Zeit abgestrahlt hätten, gleichfalls unendlich. Der Himmel müßte daher extrem hell sein. Warum ist er es nicht? Dieses Rätsel hat die Astronomen jahrhundertelang gequält. Heute weiß man, daß unser Himmel dunkel ist, weil die Sterne nicht immer existiert haben. Fünfzehn Milliarden

Jahre sind nicht lang genug, um das Universum mit Licht zu erfüllen, besonders dann nicht, wenn der Abstand zwischen den Sternen ständig wächst. Das Dunkel der Nacht ist ein zusätzlicher Beweis für die Evolution des Universums.

Und außerdem?

Einen indirekten Beweis für ein sich wandelndes Universum liefert uns die allgemeine Relativitätstheorie. Diese 1915 formulierte Theorie erlaubt kein statisches Universum. Hätte Einstein die Botschaft seiner eigenen Gleichungen richtig zu lesen verstanden, dann hätte er fünfzehn Jahre, bevor andere es entdeckten, vorhersagen können, daß unser Universum sich entwickelt.

Heute spricht also nichts mehr gegen die Urknalltheorie?

Sagen wir es lieber so: Auf dem Markt der kosmologischen Theorien ist der Urknall bei weitem die beste Wahl. Kein konkurrierendes Szenario erklärt auf so einfache und natürliche Weise die beeindruckende Gesamtheit der inzwischen gemachten Beobachtungen. Keines hat so viele bestätigte Vorhersagen gemacht … Ganz und gar befriedigend ist das Urknallszenario durchaus nicht, es enthält zahlreiche Schwächen und Unklarheiten. Es handelt sich um ein Programm, das zögernd und tastend vervollkommnet wird. Es wird sicherlich noch modifiziert, und vielleicht wird es eines Tages in eine umfassendere Theorie einbezogen werden. Aber der Kern wird doch Bestand haben.

Worin besteht dieser Kern?

In einigen einfachen Aussagen: Das Universum ist nicht statisch, es kühlt sich ab und wird dünner. Vor allem aber, und das ist für uns ein zentraler Punkt: Die Materie organisiert sich zunehmend. Die aus der frühesten Zeit stammenden Teilchen verbinden sich zu immer komplizierteren Strukturen. Wie Lukrez es erahnt hatte: Die Entwicklung geht vom »Einfachen« zum »Komplexen«, vom weniger Wirksamen zum Wirksameren. Die Geschichte des Universums ist die Geschichte der sich organisierenden Materie.

2. Szene:
DAS UNIVERSUM
ORGANISIERT SICH

*Es treten der Reihe nach auf: winzige Teilchen in einer
unbeschreiblichen Unordnung; dann, als Ergebnis ihrer
Verbindungen, die ersten Atome, die es im Herzen brennender
Sterne gleichfalls mit explosiven Verbindungen probieren.*

Die Buchstabensuppe

*Jetzt beginnt die Geschichte der Komplexität. Wir befinden uns am
Horizont unserer Vergangenheit vor rund fünfzehn Milliarden Jahren.
Woraus besteht das Universum in diesem Augenblick?*

Das Universum ist ein homogener Brei aus Elementarteilchen: aus Elektronen (die wir vom elektrischen Strom kennen), Photonen (Lichtpartikel), Quarks, Neutrinos und einer
Fülle anderer Teilchen, sogenannter Gravitonen, Gluonen
usw. Man nennt sie »elementar«, weil sie – das glaubt man jedenfalls – nicht in kleinere Teilchen zerlegt werden können.

*Es ist, wie man zu sagen pflegt, ein Urbrei. Das Ganze ist also ge-
mischt, ungeordnet, unorganisiert.*

Ich vergleiche ihn gern mit jenen Suppen, die Nudeln in
Form von Buchstaben des Alphabets enthalten, mit denen wir
uns als Kinder den Spaß machten, unsere Namen zu schrei-
ben. Im Universum vereinigen sich diese Buchstaben, also die

Elementarteilchen, zu Wörtern, die sich dann zu Sätzen verbinden, aus denen später Absätze, Kapitel, ganze Bücher werden … Auf jeder Ebene bilden sich die Elemente um, so daß neue Strukturen auf einer höheren Ebene entstehen. Und jede Struktur besitzt Eigenschaften, die ihre einzelnen Elemente nicht haben. Man spricht von »emergenten Eigenschaften«. Die Quarks vereinen sich zu Protonen und Neutronen. Später verbinden diese sich zu Atomen, die einfache Moleküle bilden werden, aus denen dann komplexere Moleküle entstehen, die ihrerseits … Das ist die Pyramide der Alphabete der Natur.

Wieviel Zeit hat das in Anspruch genommen?

In den ersten zig Mikrosekunden (millionstel Sekunden) nach dem Urknall ist das Universum ein riesiges Magma aus Quarks und Gluonen. Bereits um die vierzigste Mikrosekunde, als die Temperatur unter 10^{12} (tausend Milliarden) Grad fällt, vereinen sich die Quarks zu den ersten Nukleonen: den Protonen und Neutronen.

Die erste Sekunde

Eine erstaunliche Präzision! Woher kennt man die erste Sekunde des Universums, ja sogar winzige Bruchteile der ersten Sekunde, wenn man noch nicht einmal weiß, ob das Universum zehn oder fünfzehn Milliarden Jahre alt ist?

Gleichgültig, wann sie stattgefunden hat, handelt es sich jedenfalls um die erste Sekunde. Man muß den genauen Wortsinn beachten. Die »erste Sekunde« bezeichnet den Zeitabschnitt, an dessen Ende das Universum zehn Milliarden Grad heiß war. Vor der ersten Sekunde war seine Temperatur noch höher. Das Schwierige ist, diese Sekunde in unserer Geschichte unterzubringen; sagen wir also, vor fünfzehn Milliarden Jahren. In den großen Teilchenbeschleunigern können wir für ganz kurze Momente die hohen Energiedichten von damals rekonstruieren. Sie entsprechen Temperaturen von 10^{16} Grad. Im kosmischen Szenario haben diese nur während einer Mikro-Mikrosekunde (dem millionstel Teil einer millionstel Sekunde) geherrscht. Diese Zeitmessung hat aber – ich wiederhole es – nur Sinn im Rahmen der Urknalltheorie. Es handelt sich um eine konventionelle Uhr, eine Art Zeitmarkierung.

Haben wir denn nicht festgestellt, daß die Physik an ihre Grenzen stieß und angesichts des Urknalls ratlos war?

Wir verfügen über zwei gute Theorien: die Quantenphysik, die extrem genau ist und das Verhalten von Teilchen beschreibt, sofern diese sich nicht in einem allzu starken Gravitationsfeld befinden, und die Gravitationstheorie Einsteins, die die Bewegung der Himmelskörper beschreibt, aber nichts über das Quantenverhalten der Teilchen weiß. Die Grenzen der Physik liegen bei Temperaturen von rund 10^{32} Grad (das ist die »Planck-Temperatur«). Bei dieser Temperatur sind die Teilchen so starken Gravitationsfeldern unterworfen, daß wir ihre Eigenschaften nicht mehr berechnen können ... Niemand hat bisher dieses Problem gelöst. Es ist unsere Grenze seit fünfzig Jahren. Wir bräuchten einen neuen Einstein.

Bleiben wir einstweilen bei der ersten Sekunde. Warum ist das Universum nicht in dem Breizustand geblieben? Was hat es dazu gebracht, sich zu organisieren?

Es sind die vier Kräfte der Physik, die für das Zusammentreten zunächst der Elementarteilchen, dann der Atome, der

Moleküle und der großen kosmischen Strukturen verantwortlich waren. Die Kernkraft schweißt die Atomkerne zusammen; die Elektromagnetische Kraft sorgt für den Zusammenhalt der Atome; die Gravitationskraft oder Schwerkraft organisiert die Bewegungen im großen Maßstab, die der Sterne und der Galaxien; und die Schwache Kraft wirkt auf der Ebene der Teilchen, die wir Neutrinos nennen. Doch in den ersten Momenten löst die Hitze alles auf und steht der Bildung von Strukturen entgegen. So wie sie bei sommerlicher Temperatur die Bildung von Eis verhindert. Das Universum mußte sich also abkühlen, damit die Kräfte wirksam werden und die ersten Verbindungen der Materie ausprobieren konnten.

Die Kraft ist mit uns

Aber woher kommen sie, diese berühmten Kräfte?

Das ist ein weites Feld, das bis in die Metaphysik hineinreicht … Warum gibt es Kräfte? Warum haben sie die mathematische Form, die wir kennen? Wir wissen heute, daß diese Kräfte überall gleich sind, hier und an den Rändern des Universums, und daß sie sich seit dem Urknall nicht um ein Jota geändert haben. Das wirft in einem Universum, in dem sich alles ändert, Fragen auf …

Woher weiß man, daß sie sich nicht geändert haben?

Das konnte auf unterschiedliche Weise verifiziert werden. Vor einigen Jahren haben Bergbauingenieure in Gabun ein Uranvorkommen mit einer ganz speziellen Zusammensetzung entdeckt. Alles deutete darauf hin, daß dieses Mineral einer intensiven Bestrahlung ausgesetzt gewesen war. In dieser Lagerstätte war vor rund 1,5 Milliarden Jahren spontan so etwas wie ein natürlicher Reaktor in Gang gekommen. Man verglich die Häufigkeit der Atomkerne mit dem Brennmaterial unserer Reaktoren und konnte zeigen, daß die Kernkraft damals genau dieselben Merkmale hatte wie heute. Ebenso kann man herausbekommen, ob die Elektromagnetische Kraft sich geändert hat, indem man die Eigenschaften junger und alter Photonen miteinander vergleicht.

Wie geht denn das?

Mit unseren Spektroskopen können wir Photonen aufspüren, die von Eisenatomen aus einer fernen Galaxie emittiert wurden. Es sind »alte« Photonen, die, sagen wir einmal, zwölf Milliarden Jahre unterwegs sind.

Das ist schwer zu verstehen. Empfängt man wirklich alte Teilchen, die sich einfangen lassen?

Ja. Und im Labor kann man ihre Eigenschaften mit denen von »jungen« Photonen vergleichen, die von einem Lichtbogen mit Eisenelektroden emittiert werden. Ergebnis: Die Elektromagnetische Kraft hat sich in der Zeit zwischen diesen beiden Generationen von Teilchen nicht geändert. Desgleichen zeigt die Abundanzanalyse der leichten Kerne, daß die Gravitationskraft und die Schwache Kraft keinerlei Modifikation erfahren haben seit der Zeit, in der das Universum zehn Milliarden Grad heiß war, also seit fünfzehn Milliarden Jahren.

Wie läßt sich diese Unwandelbarkeit der Kräfte erklären?

Auf was für Steintafeln, vergleichbar denen des Moses, stehen diese Gesetze? Befinden sie sich »über« dem Universum, in der Welt der den Platonikern so teuren Ideen? Das sind keine neuen Fragen; sie werden seit zweieinhalb Jahrtausenden diskutiert. Durch die Fortschritte der Astrophysik wurden diese Fragen erneut auf die Tagesordnung gesetzt, ohne daß wir sie deshalb lösen könnten. Wir können nur sagen, daß diese Gesetze der Physik, anders als das Universum, das sich unablässig verändert, sich nicht ändern, weder im Raum noch in der Zeit. Im Rahmen der Urknalltheorie sind sie für die Entstehung der Komplexität verantwortlich. Die Eigenschaften dieser Gesetze sind noch erstaunlicher. Ihre algebraischen Formen und ihre numerischen Werte scheinen besonders gut zugeschnitten zu sein.

Inwiefern sind sie »zugeschnitten«?

Unsere mathematischen Simulationen zeigen es: Wären sie nur ein ganz klein wenig anders, wäre das Universum nie aus seinem anfänglichen Chaos herausgekommen. Es wäre keine komplexe Struktur zustande gekommen. Nicht einmal ein Zuckermolekül.

Warum?

Angenommen, die Kernkraft wäre ein klein wenig stärker. Alte Protonen hätten sich rasch zu schweren Kernen vereint. Es wäre kein Wasserstoff übriggeblieben, der der Sonne zu ihrer Langlebigkeit verhilft und an den Wasserflächen der Erde beteiligt ist. Die Kernkraft ist gerade stark genug, um einige schwere Kerne zu produzieren (die von Kohlenstoff und Sauerstoff), aber nicht zu stark, um den Wasserstoff völlig auszuschließen. Es kommt auf die richtige Dosierung an … Man könnte gewissermaßen sagen, daß die Komplexität, das Leben und das Bewußtsein bereits von den ersten Momenten des Universums an potentiell existierten, so, als

41

seien sie in die Form selbst der Gesetze eingeschrieben gewesen. Nicht als eine »Notwendigkeit«, sondern als eine Möglichkeit.

Ist das nicht ein Argument a posteriori? *Heute stellen wir fest, daß die Gesetze die Evolution bis hin zum Menschen geführt haben. Das heißt aber nicht, daß dies ihr Zweck war.*

Das ist die Preisfrage: Gibt es in der Natur eine »Absicht«, eine »Intention«? Dies ist keine wissenschaftliche, sondern eher eine philosophische und religiöse Frage. Ich persönlich neige dazu, sie zu bejahen. Doch welche Form nimmt diese »Intention« an, und was ist diese »Intention«? Das sind Fragen, die mich im Höchstmaß interessieren. Antworten habe ich jedoch nicht. Allegorisch kann man mit vielen Anführungszeichen sagen: Wenn die »Natur« (oder das Universum oder die Realität) die »Intention« gehabt hätte, Wesen mit Bewußtsein hervorzubringen, dann hätte sie genau das »getan«, was sie getan hat. Gewiß ist das ein Argument *a posteriori,* aber das macht es nicht weniger interessant.

Die Lehre des Mondes

Seit wann weiß man von der Existenz dieser Naturgesetze?

Es hat viele Jahrhunderte gedauert, bis sie erkannt wurden. Schon die griechischen Philosophen suchten nach den »Urelementen«, die nach ihrer Auffassung an der Entstehung des Kosmos beteiligt waren. Aristoteles zerteilte die Welt in zwei Kategorien: die »sublunare« Welt »unter dem Mond« (also die unsere), die dem Wandel unterliegt, in der das Holz vermodert und das Eisen rostet, und den Raum »jenseits des Mondes«, in dem die vollkommenen, unwandelbaren und ewigen Himmelskörper wohnen.

Alles war in der besten aller Welten zum Besten bestellt.

Diese Vorstellung von der Vollkommenheit der Himmelskörper hat das abendländische Denken lange geprägt. Die mit bloßem Auge erkennbaren Sonnenflecken, die schon den alten Chinesen bekannt waren, werden vor Galilei im Abendland nie erwähnt. Man kann den Satz »Das glaube ich, weil ich es sehe« auch umkehren: »Das sehe ich, weil ich es glaube.« Alles ist in Frage gestellt, als Galilei mit seinem Fernrohr zum ersten Mal die Berge des Mondes beobachtet. »Der Mond ist wie die Erde. Die Erde ist ein Himmelskörper. Es gibt nicht zwei Welten, sondern eine einzige Welt, die überall von denselben Gesetzen regiert wird.« Newton geht noch weiter; für ihn ist es dieselbe Kraft, die den Apfel zu Boden fallen läßt und die den Mond in seiner Kreisbahn um die Erde hält, ebenso wie die Erde in ihrer Bahn um die Sonne. Es ist die »universelle« Gravitation, die er zur Erklärung der Bewegung der Planeten heranziehen wird. Die Gesetze der irdischen Physik gelten für die gesamte Welt.

Aber das war erst eine *Kraft ...*

Im 19. Jahrhundert kannte man seit langem die elektrische Kraft, die die Flaumhaare zum Bernstein hinzieht; auch kannte man die magnetische Kraft, die der Nadel des Kompasses ihre Richtung gibt. Durch die Arbeit zahlreicher Physiker wurde gezeigt, daß es sich um ein und dieselbe Kraft handelt, eben die Elektromagnetische Kraft, die sich in verschiedenen Umfeldern unterschiedlich manifestiert. Im 20. Jahrhundert wurden zwei neue Kräfte entdeckt: die Kernkraft und die Schwache Kraft. Um 1970 wurde gezeigt, daß die

Schwache Kraft und die Elektromagnetische Kraft ebenfalls nur Manifestationen einer einzigen Kraft sind, der »Elektroschwachen« Kraft. Die Physiker würden gern alle Kräfte in einer einzigen vereinigen, aber das ist einstweilen noch ein Traum …

In unserem Jahrhundert wurden zwei Kräfte gefunden. Warum sollte es nicht noch weitere geben?

Das ist möglich. Der Physiker verzeichnet die Kräfte, so wie der Botaniker die Blumen verzeichnet. Nichts erlaubt uns zu sagen, die Liste sei vollständig. Vor zehn Jahren wurde von einer fünften Kraft gesprochen, aber als man genauer nachforschte, kam nichts dabei heraus.

Die ersten Minuten

Wie werden diese vier Universalkräfte am Beginn unserer Geschichte wirksam?

Bei sehr hoher Temperatur löst die thermische Bewegung rasch alle Strukturen auf, die sich eventuell bilden könnten. Bei sinkender Temperatur treten die Kräfte in der Reihenfolge ihrer Stärke in das Spiel ein. Zunächst die Kernkraft: Die Quarks vereinen sich zu dritt zu den Nukleonen (Neutronen und Protonen), als das Universum rund 20 Mikrosekunden alt ist.

Warum zu dritt?

Diese Teilchen verbinden sich zufällig. Manche Verbindungen halten jedoch nicht. Wenn sie sich zu zweit verbinden, entstehen instabile Paare, die rasch zerfallen. Dauerhaft sind nur zwei Arten von Trios: die Verbindung von zwei »up«-Quarks und einem »down«-Quark, aus denen ein Proton entsteht, und die von zwei »downs« und einem »up«, die ein Neutron entstehen lassen. Etwas später wird die Kernkraft diese neuen Gebilde dazu bringen, sich ihrerseits zu zwei Protonen und zwei Neutronen zusammenzuschließen, woraus der erste Atomkern entsteht, der des Heliums. Inzwischen ist die Temperatur auf eine Milliarde Grad gesunken, und das Universum ist bereits eine Minute alt.

Bis zum ersten Atomkern hat es also eine Minute gedauert!

Die Kräfte können sich nur unter bestimmten Temperaturbedingungen manifestieren, wie beim Wasser, aus dem Eis wird. Wenn es zu heiß ist, sind sie nicht mehr wirksam, wenn es zu kalt ist, auch nicht. Das Universum hat sich nach den ersten Minuten abgekühlt, und die Kernkraft ist erneut in ihrer Wirksamkeit gehemmt. Das Universum besteht jetzt zu 75 Prozent aus Wasserstoffkernen (Protonen) und zu fünfundzwanzig Prozent aus Helium. Was die Organisation der Materie angeht, wird einige hunderttausend Jahre lang nichts mehr passieren.

Eine Minute Aufregung und Hunderttausende von Jahren abwarten! Eine ziemlich sprunghafte Evolution!

Die Komplexität wächst nicht gleichmäßig an. Wenn die Temperatur unter 3 000 Grad sinkt, tritt die Elektromagnetische Kraft in Aktion. Sie bringt die Elektronen in eine Umlaufbahn um die Kerne und schafft so die ersten Wasserstoff- und Heliumatome. Weil die freien Elektronen verschwinden, wird das Universum transparent: Die Photonen, die erwähnten Lichtpartikel, werden nicht mehr von der Materie des

Kosmos beeinflußt. Sie schweifen durch den Raum und de-gradieren zunehmend zu Energie. Sie sind heute noch da, gealtert und degradiert, als fossile Strahlung ... Danach legt die Evolution eine zweite Pause ein. Es wird nochmals hundert Millionen Jahre dauern, bis sie wieder in Gang kommt.

Die ersten Galaxien

Wodurch wird sie diesmal vorangetrieben?

Unter der Wirkung der Gravitationskraft beginnt die bis da-hin homogene Materie Klumpen zu bilden. Seit die Elektro-nen von den Kernen eingefangen wurden, ist der Weg frei für die Bildung von Großstrukturen. Vorher wurde jeder Versuch einer Konzentration der Materie rasch durch die Einwirkung der Photonen auf die Elektronen zunichte gemacht. Jetzt kann sie sich zu Galaxien verdichten ...

Wieder drängt sich die Frage auf: Warum nur?

Wir müssen zugeben, daß wir über diesen Abschnitt der Ge-schichte kaum etwas wissen. Bei den angelsächsischen For-schern gilt er übrigens als »dunkles Mittelalter der Kosmolo-gie«. Durch den COBE-Satelliten wissen wir, daß die Materie zu dieser Zeit nicht vollkommen homogen und isothermisch ist. Regionen, die etwas dichter sind als der Durchschnitt, die-nen nun als »Keime« von Galaxien. Ihre Anziehungskraft zieht die umgebende Materie zunehmend zu ihnen hin. Ihre Masse nimmt ständig zu. Durch diesen »Schneeballeffekt« können sie zu den herrlichen Galaxien anwachsen, die wir heute am Himmel sehen.

Hat sich dieses Phänomen gleichzeitig überall abgespielt? Gibt es im Universum also keine Einöde?

Das Universum ist hierarchisch aufgebaut aus Galaxienhaufen, Galaxien, Sternhaufen und einzelnen Sternen. Unser Sonnensystem beispielsweise gehört zu einer Galaxie, der Milchstraße, die sich aus Hunderten Milliarden von Sternen zusammensetzt, die zusammen eine Scheibe mit einem Durchmesser von 100 000 Lichtjahren bilden.

Eine Staubwolke im Universum ...

Sie gehört zu einem kleinen lokalen Haufen, der aus zwanzig weiteren Galaxien besteht (darunter dem Andromedanebel und den beiden Magellanschen Wolken), und der seinerseits Teil eines größeren Haufens ist, des Virgohaufens, der mehrere tausend Galaxien umfaßt. Dieser Superhaufen birgt in seinem Zentrum eine riesige Galaxie, hundertmal größer als unsere, von der die anderen Galaxien angezogen werden. Man spricht von einer kannibalischen Galaxie ...

Wie reizend ...

Legt man einen Maßstab an, der größer ist als eine Milliarde Lichtjahre, so ist das Universum äußerst homogen. Alles ist annähernd gleichförmig bevölkert, es gibt keine »Einöde«, und nichts gleicht einem Abschnitt des Universums mehr als ein anderer Abschnitt des Universums.

Zu dieser Zeit ändert sich also das Aussehen des Universums.

Rund hundert Millionen Jahre nach dem Urknall bietet es sich nicht mehr wie in der ersten Zeit als ein homogener Brei dar. Es zeigt das uns bekannte Gesicht: ein ungeheurer, nicht sehr dichter Raum, durchsetzt von diesen herrlichen galaktischen Inseln, die millionenfach dichter sind als der übrige Raum. In diesen verdichtet sich die Materie unter der Wirkung der Gravitationskraft und bildet Himmelskörper. Das führt zu einer Temperaturerhöhung. Nur dadurch entgehen die Himmelskörper der allgemeinen Abkühlung, die ringsum weitergeht. Sie erhitzen sich, setzen Energie frei: Die Sterne beginnen zu leuchten. Die größten, mit der fünfzigfachen Masse unserer Sonne, werden ihren Atombrennstoff binnen drei bis vier Millionen Jahren aufbrauchen. Die kleineren werden Milliarden Jahre weiterleben.

Warum haben sie die Kugelform angenommen?

Was macht die Gravitationskraft? Sie zieht die Materie an. In welcher Konfiguration sind alle Elemente einander am nächsten? In der Kugel! Deshalb sind die Sterne kugelförmig, ebenso wie die Planeten, wenn sie nicht zu klein sind. In einem Himmelskörper mit einem Radius von über 100 Kilometern gewinnen die Gravitationskräfte die Oberhand über die chemischen Kräfte, die der Materie ihre Festigkeit verleihen, und zwingen sie, Kugelform anzunehmen: Der Mond ist rund, ebenso die Satelliten des Jupiter. Bei den Satelliten des Mars ist die Schwerkraft dagegen zu gering, um deren Gesteinsmasse eine runde Form zu geben; sie sind nicht kugelförmig.

Aber die Galaxien sind es auch nicht. Warum nicht?

Sie werden durch ihre Rotation abgeflacht zu der uns bekannten Scheibenform. Auch unsere Erde ist durch ihre Rotation leicht abgeplattet. Die Sonne ebenfalls.

Warum die Sterne nicht herunterfallen

Warum wurden all diese Sterne nicht voneinander angezogen?

Diese Frage hat sich Newton gestellt. Die Sterne, überlegte er, sind massive Objekte und ziehen sich daher gegenseitig an. Warum stürzen sie nicht ineinander? Wenn der Mond nicht auf der Erde zerschellt, so deshalb, weil er uns umkreist: Die mit seiner Bewegung verknüpfte Fliehkraft hält der Gravitationskraft das Gleichgewicht. Für Erde und Sonne gilt dasselbe: Es ist der Rotation unseres Planeten um das Gestirn zuzuschreiben, daß er nicht auf die Sonne stürzt. Das Rätsel, wie es sich mit den Sternen verhält, hat Newton nicht gelöst.

Und wie lautet die Antwort?

Zu Newtons Zeit wußte man noch nichts von den Galaxien. Heute weiß man, daß unser Sonnensystem um das Zentrum unserer Milchstraße kreist. Durch diese Bewegung wird es auf der Kreisbahn gehalten und ebenso wie die übrigen hundert Milliarden Sterne daran gehindert, in den zentralen Kern zu stürzen.

Aber was hindert dann die Galaxien daran, ineinander zu stürzen? Von einem Zentrum des Universums ist ja nichts bekannt.

Nein. In diesem Fall liegt die Antwort in der Expansion des Universums, in der allgemeinen Fluchtbewegung der Galaxien. Sie entfernen sich voneinander. Über die Ursache dieses anfänglichen Impulses kann man bisher nur spekulieren.

Wie lange wird sich diese Bewegung fortsetzen?

Das steht noch nicht eindeutig fest. Stellen Sie sich vor, Sie sehen über sich am Himmel einen Kieselstein. Es gibt zwei

Möglichkeiten: Entweder fällt er zu Ihnen herab, oder er steigt auf. Was passiert in diesem letzteren Fall? Wieder gibt es zwei Möglichkeiten: Entweder fällt er bald zur Erde zurück, oder er entzieht sich ihrer Anziehung und kehrt nie wieder. Das hängt ganz von der Geschwindigkeit ab, mit der er geworfen wurde. Ist sie kleiner als 11 Kilometer pro Sekunde, wird er zurückfallen. Anderenfalls wird er der Erdanziehung entfliehen.

Und so verhält es sich auch mit den Galaxien?

Sie entfernen sich von uns, aber ihre Bewegung wird durch die Gravitation, die sie aufeinander ausüben, gebremst. Ihre gegenseitige Anziehung hängt von ihrer Anzahl und ihrer Masse ab, also von der kosmischen Materiedichte: Ist diese gering, werden sich die Galaxien weiterhin endlos voneinander entfernen (dies ist das Szenario des »offenen Universums«); ist sie hoch, werden die Galaxien schließlich ihre Bewegung umkehren und sich wieder einander nähern (dies ist das Szenario des »geschlossenen Universums«). Das sind die beiden möglichen »Zukünfte« des Universums.

Welcher gibt man den Vorzug?

Der ersteren. Das Universum wird sich weiterhin endlos ausdehnen und abkühlen. Das Endergebnis steht jedoch noch nicht fest. Auf jeden Fall wissen wir aber inzwischen, daß die Expansion noch mindestens vierzig Milliarden Jahre weitergehen wird.

3. Szene:
DIE ERDE!

In der Öde des Alls beginnen die ersten Moleküle einen ununterbrochenen Reigen und zeugen am Rand einer unscheinbaren Galaxie einen eigenartigen Planeten.

Der Schmelztiegel der Sterne

Eine endlose Einöde, in der man ab und an auf kleine Inseln stößt – Galaxien, aus unzähligen Sternen ... Eine Milliarde Jahre nach dem Urknall hat der Materiebrei sich organisiert und bietet ein immer stärker erkennbares Aussehen. Das Ganze scheint stabil zu sein, und das Universum hätte es ganz gut dabei bewenden lassen können. Doch wieder einmal startet die Evolution. Warum?

Jetzt übernehmen die ersten Sterne die Fackel. Während ansonsten die Abkühlung des Universums weitergeht, steigt bei ihnen die Temperatur ganz beträchtlich. Sie werden zu Schmelztiegeln für die Erzeugung der Materie und schicken diese auf eine weitere Etappe der kosmischen Evolution. Im Inneren der Sterne kommt es nochmals zu den Verbindungen der allerersten Sekunden des Universums.

Sind die Sterne so etwas wie kleine lokale Urknalle?

So könnte man sagen. Sie erhitzen sich dadurch, daß der Stern unter seinem eigenen Gewicht zusammenschrumpft.

Wenn die Temperatur rund zehn Millionen Grad erreicht, wird die Kernkraft wieder wach. Die Protonen vereinen sich, wie beim Urknall, zu Helium.

Das ursprüngliche Universum war bekanntlich in diesem Stadium stehengeblieben ...

Diese Kernreaktionen strahlen in Form von Licht eine große Menge Energie in den Raum ab. Der Stern leuchtet. Unsere Sonne »läuft« auf diese Weise seit 4,5 Milliarden Jahren mit Wasserstoff. Die massereicheren Sterne leuchten sehr viel stärker und erschöpfen ihren Wasserstoff innerhalb einiger Millionen Jahre. Danach beginnt der Stern erneut zu schrumpfen. Seine Temperatur steigt auf über hundert Millionen Grad. Das Helium, die Asche des Wasserstoffs, wird seinerseits zum Brennstoff. Dann können durch verschiedene Kernreaktionen bislang unbekannte Verbindungen entstehen: Drei Heliumkerne verbinden sich zu Kohlenstoff und vier Heliumkerne zu Sauerstoff.

Weshalb waren diese Reaktionen nicht während des Urknalls möglich gewesen?

Es kommt sehr selten vor, daß drei Heliumkerne aufeinandertreffen und verschmelzen; man muß lange warten, bis es passiert. Beim Urknall hat die Phase der Kernaktivität nur einige Minuten gedauert. In dieser Zeit konnte keine nennenswerte Menge Kohlenstoff entstehen. Nunmehr stehen in den Sternen Jahrmillionen für diese Verbindungen zur Verfügung.

Jeder Stern beginnt also, Kohlenstoff und Sauerstoff zu erzeugen?

Während der folgenden Jahrmillionen bevölkert sich das Innere der Sterne tatsächlich mit Kohlenstoff- und Sauerstoffkernen. Diese Elemente werden im weiteren Verlauf der Geschichte eine fundamentale Rolle spielen. Besonders der Kohlenstoff eignet sich mit seiner eigentümlichen atomaren Konfiguration für die Bildung langer Molekülketten, die an der *Entstehung des Lebens beteiligt sein werden. Der Sauerstoff* wird zum Bestandteil des Wassers, eines weiteren Elements, das für das Leben unerläßlich ist.

Sternenstaub

Und der Stern schrumpft währenddessen weiter?

Das Innere des Sterns sinkt in sich zusammen, während seine Atmosphäre sich rasch aufbläht und rot wird. Der Stern wird zu einem Roten Riesen. Wenn seine Temperatur Milliarden Grad übersteigt, erzeugt er Kerne noch schwererer Atome, nämlich der Metalle Eisen, Zink, Kupfer, Uran, Blei, Gold … bis hin zum Uran, das aus 92 Protonen und 146 Neutronen besteht, und noch ein wenig darüber hinaus. Die hundert in der Natur vorkommenden atomaren Elemente werden auf diese Weise in den Sternen erzeugt.

Das hätte noch lange so weitergehen können.

Nein, denn jetzt stürzt das Sterninnere in sich zusammen. Die Atomkerne stoßen aufeinander und prallen voneinander ab. Es entsteht eine gewaltige Schockwelle, die den Stern explodieren läßt. Man spricht von einer Supernova, einem Blitz, der den Himmel erleuchtet wie eine Milliarde Sonnen. Die kostbaren Elemente, die der Stern in seinem Inneren erzeugt hat, werden nun ins All geschleudert, mit Zigtausenden von Kilometern pro Sekunde. Es ist, als hätte die Natur das

Essen gerade rechtzeitig aus dem Ofen geholt, bevor es anbrennt.

Und dabei den Ofen gesprengt!

Auf diese Weise sterben die massereichen Sterne. Sie hinterlassen allerdings einen geschrumpften Sternenrest, der zu einem Neutronenstern oder einem Schwarzen Loch wird. Die kleinen, der Sonne vergleichbaren Sterne sterben auf sanftere Art. Sie lassen ihre Materie gewaltlos abfließen und werden zu Weißen Zwergen. Sie kühlen sich allmählich ab und verwandeln sich in himmlische Kadaver ohne Strahlung.

Was wird aus den Atomkernen, die aus den sterbenden Sternen entwichen sind?

Sie wandern ziellos im interstellaren Raum umher und mischen sich unter die großen Wolken, die über die Milchstraße verteilt sind. Das All wird jetzt zu einem regelrechten Chemielabor. Unter der Einwirkung der Elektromagnetischen Kraft beginnen die Elektronen die Atomkerne zu umkreisen, und es entstehen Atome. Diese verbinden sich wiederum zu immer schwereren Molekülen. Manche umfassen mehr als zehn Atome. Aus der Verbindung von Sauerstoff und Wasserstoff entsteht Wasser. Stickstoff und Wasserstoff bilden Ammoniak. Man findet dort sogar das Molekül des Äthylalkohols, der in unseren alkoholischen Getränken enthalten ist und aus zwei Kohlenstoffatomen, einem Sauerstoffatom und sechs Wasserstoffatomen besteht. Es sind dieselben Atome, die sich später auf der Erde zu lebenden Organismen verbinden werden. Wir sind wirklich aus Sternenstaub gemacht.

Der Sternenfriedhof

Zu jener Zeit gibt es im Universum nur Gase, stellare Feuerkugeln, aber noch keine festen Stoffe.

Sie kommen. Die Temperatur sinkt, und einige der aus den Sternen hervorgegangenen Atome wie das Silizium, der Sauerstoff und das Eisen verbinden sich zu den ersten festen Elementen, zu Silikaten. Es sind winzige Körnchen mit Abmessungen von unter einem Mikron (einem tausendstel Millimeter), die Hunderttausende von Atomen enthalten. Die auf die interstellaren Wolken einwirkende Gravitation läßt diese in sich zusammenstürzen, so daß neue Sterne entstehen. Einige davon werden, wie unser Zentralgestirn, ein Gefolge von Planeten besitzen. Und diese Planeten werden die Atome enthalten, die von den toten Sternen erzeugt wurden.

Die Sterne müssen also sterben, damit andere entstehen. Schon im All setzt also das Auftreten des Neuen den Tod des Alten voraus.

Die Atome unserer Biosphäre sind zwangsläufig in den Schmelztiegeln der Sterne erschaffen und bei deren Tod in den Raum geschleudert worden. Dieses abwechselnde Entstehen von Sternen und Atomen beginnt einige hundert Jahrmillionen nach dem Urknall. Es wird noch Dutzende von Jahrmilliarden so weitergehen. Das All wird zu einer Art von Sternenwald, mit großen, kleinen, jungen und alten Bäumen, die sterben, sich zersetzen und den Boden düngen, damit neue Schößlinge wachsen können. In unserer Galaxie entstehen immer noch durchschnittlich drei Sterne pro Jahr. Auf diese Weise wird am Rande einer Spiralgalaxie, der Milchstraße, recht spät – vor nur 4,5 Milliarden Jahren – ein Stern geboren, der uns besonders interessiert: unsere Sonne.

Weshalb ist die Milchstraße spiralförmig?

Die schnelle Rotation der Sterne um ihr Zentrum gab unserer Galaxie die Form einer abgeflachten Scheibe. Die Spiralarme entstanden durch Gravitationsphänomene, die wir noch nicht genau erklären können. Die Milchstraße, dieser große leuchtende Bogen, der sich durch die sternklare Nacht erstreckt, ist das Abbild all der Sterne, die, über die Galaxie verteilt, um deren Zentrum kreisen; unser Sonnensystem braucht rund 200 Millionen Jahre, um es einmal zu umrunden.

Ein gewöhnlicher Stern

Was unterscheidet unsere Sonne von den übrigen Gestirnen?

Innerhalb unserer Galaxie ist sie ein ganz und gar durchschnittlicher Stern. Von hundert Milliarden Sternen ist ihr mindestens eine Milliarde zum Verwechseln ähnlich. Die Sonne ist, als sie vor 4,5 Milliarden Jahren auf einem äußeren Arm der Milchstraße geboren wird, sehr viel größer als heute, und sie ist rot. Allmählich schrumpft sie, wird gelb, und ihre innere Temperatur steigt. Nach rund zehn Millionen Jahren beginnt sie, ihren Wasserstoff in Helium zu verwandeln, wie eine gewaltige H-Bombe, aber mit kontrollierter Energieabgabe. Diese Kernfusion sichert ihr dann ihre Stabilität und ihre Leuchtkraft.

Dieser unscheinbare Stern hat es trotzdem geschafft, Planeten an sich zu ziehen und ein System um sich zu bilden.

Das kommt in unserer Galaxie vermutlich recht häufig vor, nur haben wir bisher mit unseren begrenzten Mitteln nur wenige Fälle entdecken können. Die Bildung von Planeten wie unserer Erde kann erst relativ jungen Datums sein. Die Feststoffe unseres Planetengefolges bestehen vornehmlich aus Sauerstoff, Silizium, Magnesium und Eisen; Atome sind nach und nach durch die Aktivität mehrerer Sterngenerationen entstanden. Eine hinreichende Menge kam in den interstellaren Wolken erst im Laufe von mehreren Jahrmilliarden zusammen. Die Altersbestimmung des Mondes und zahlreicher Meteoriten ergab stets denselben Wert: 4,56 Milliarden Jahre. Die Sonne und ihre Planeten sind zur gleichen Zeit erschienen, in einer Periode, als unsere Galaxie bereits über acht Milliarden Jahre alt war.

Wie entstehen die Planeten?

Wir wissen darüber nichts Genaues. Der interstellare Staub verteilt sich um die Sternembryos und bildet Scheiben, ähnlich den Ringen des Saturn. Diese kleinen Staubkörper vereinen sich dann nach und nach zu steinigen Strukturen von ständig wachsenden Ausmaßen. Häufig kommt es zu Kollisionen. Die aufeinanderprallenden Gesteine zerbrechen oder fangen sich gegenseitig ein. Massivere Blöcke ziehen andere an und wachsen schließlich zu Planeten heran. Die unzähligen Krater des Mondes und anderer Körper im Sonnensystem zeugen noch von diesen heftigen Zusammenstößen, durch die ihre Masse zunahm. Dabei wurde viel Wärme freigesetzt, zu der noch die Energie hinzukommt, die auf der Radioaktivität bestimmter Atome beruht.

War das alles noch in geschmolzenem Zustand?

Bei ihrer Geburt sind die großen Planeten weißglühende Feuerkugeln. Je größer die Masse des Planeten, desto bedeutender ist die Wärmemenge, und desto länger dauert deren Abführung. Ganz schnell geht das bei den sehr kleinen Körpern, etwa den Asteroiden. Der Mond und der Merkur haben ihre anfängliche Wärme im Laufe einiger hundert Jahrmillionen abgestrahlt. Diese Himmelskörper haben seit langem kein inneres Feuer mehr und damit auch keine geologische Aktivität. *Die Erde hat länger gebraucht. Sie hütet heute noch in ihrem* Inneren eine Glut, die Konvektionsbewegungen des noch immer flüssigen Gesteins auslöst. Die Kontinentalverschiebung, Vulkanausbrüche und Erdbeben gehen darauf zurück. Diese geologische Instabilität ist übrigens sehr wertvoll, denn sie zieht Klimaschwankungen nach sich, die in der Evolution der Lebewesen eine wichtige Rolle spielen.

Flüssiges Wasser

Was unterscheidet unseren Planeten von den anderen?

Er besitzt als einziger flüssiges Wasser. Wasser gibt es im Sonnensystem zuhauf: als Eis auf den Satelliten des Jupiter und des Saturn, wo die Temperatur sehr tief ist, und als Dampf in der glühenden Atmosphäre der Venus, die der Sonne näher ist. Die Erde hat auf ihrer Umlaufbahn genau den richtigen Abstand, damit das Wasser flüssig bleibt.

Auch der Mars besaß einmal flüssiges Wasser. Das läßt sich aus den Kanälen schließen, diesen trockenen Wadis, die von den Raumsonden festgestellt wurden.

Wahrscheinlich sind vor mindestens einer Milliarde Jahre Flüssigkeiten auf der Marsoberfläche geflossen. Es gibt sie längst nicht mehr. Warum? Man weiß es nicht genau. Wegen seiner geringen Masse zeigt er jetzt eine sehr schwache tektonische Aktivität.

Aber woher stammt das Wasser der Erde?

Kommen wir zurück auf die Materieströme, die beim Tod der Sterne ins All geschleudert werden. Es bilden sich Stäube, an denen sich Wasser- und Kohlenstoffeis anlagert. Wenn sich diese Stäube zu Planeten zusammenballen, schmilzt oder verdampft das Eis und entweicht in Form von Geisern. Außerdem stürzen Kometen auf die Planetenoberfläche herab, die weitgehend aus Eis bestehen.

Und die Erde hält dieses Wasser zurück?

Ihr Schwerefeld reicht aus, um diese Wassermoleküle an ihrer Oberfläche festzuhalten, und dank ihrer Entfernung von der Sonne kann sie es teilweise in flüssiger Form bewahren. In der Urzeit wird sie unablässig von ultravioletten Strahlen bombardiert, die von der noch ganz jungen Sonne emittiert werden, in ihrer Atmosphäre toben gewaltige Zyklone, und mächtige Blitze durchzucken sie, wie heute auf der Venus.

Das Geschenk des Wassers

Warum hat sich dann nicht auf der Venus dieselbe Geschichte abgespielt?

Wir wissen es wirklich nicht. Die beiden Planeten sind sich sehr ähnlich. Sie besitzen praktisch die gleiche Masse und die gleiche Menge Kohlenstoff … Auf der Venus befindet sich dieser Kohlenstoff allerdings in der Atmosphäre, während er auf der Erde in Kalkverbindungen in der Tiefe der Meere ruht. Doch die Atmosphäre der beiden Planeten war ursprünglich ganz ähnlich zusammengesetzt.

Woher kommt dann der Unterschied?

Eine entscheidende Rolle hat vermutlich das flüssige Wasser auf der Oberfläche unseres Planeten gespielt. Dank dieser Wasserfläche hat das Kohlendioxid der ursprünglichen Atmosphäre sich lösen und in Form von Karbonaten in der Tiefe der Meere ablagern können. Die Venus ist der Sonne ein bißchen näher als wir. Wahrscheinlich liegt es am Temperaturunterschied, daß es dort anfangs kein flüssiges Wasser gab. Ihre Hülle aus Kohlendioxid erzeugt einen gewaltigen Treibhauseffekt, der ihre Temperatur bei 500 Grad hält. Deshalb haben sich diese beiden fast identischen Planeten ganz unterschiedlich entwickelt.

Diese Geschichte hätte ohne flüssiges Wasser keine Fortsetzung?

Vermutlich nicht. Das flüssige Wasser war für das Auftreten der kosmischen Komplexität von überragender Bedeutung. Vor den ionisierenden Strahlen des Alls abgeschirmt, kommt in der Meerestiefe eine intensive chemische Aktivität in Gang. Durch Kontakte und Verbindungen entstehen immer größere molekulare Strukturen. Eine vorrangige Rolle spielt auf diesen ersten Stufen der präbiotischen Evolution – der Entwicklung von Vorformen des Lebens – der in den Roten Riesen entstandene Kohlenstoff.

Eine tolle Atmosphäre

Worauf beruht dieser Erfolg des Kohlenstoffs?

Dieses Atom ist ideal für die Entstehung molekularer Gebilde. Es weist vier Häkchen auf, mit denen es als Scharnier zwischen zahlreichen Atomen dient. Es schafft Bindungen, die hinreichend flexibel sind, um schnell auf- und abbaubar zu sein, wie es für Lebensphänomene unerläßlich ist. Vier Häkchen besitzt auch das Silizium, aber die von ihm gestifteten Bindungen sind sehr viel starrer. Es bildet stabile Strukturen wie den Sand, kann sich aber den Zwängen des Stoffwechsels nicht anpassen.

Es ist also Unsinn zu glauben, irgendwo im Universum könnte es Lebensformen auf der Basis von Silizium geben?

Das wäre sehr unwahrscheinlich. In unserer Galaxie ebenso wie in den benachbarten Galaxien enthalten die mit dem Radioteleskop ermittelten Moleküle aus mehr als vier Atomen stets Kohlenstoff und niemals Silizium. Diese Beobachtung läßt sehr stark vermuten, daß Leben, falls es anderswo existieren sollte, gleichfalls aus Kohlenstoff aufgebaut ist.

Als sich die irdische Atmosphäre herausgebildet hatte, hat das Leben nicht auf sich warten lassen, oder?

Als vor 4,5 Milliarden Jahren die Erde entsteht, sind die Bedingungen nicht gerade günstig. Der Boden ist zu heiß. Obendrein wimmelt es im Weltraum von kleinen Körpern, die später von den massiveren Planeten absorbiert werden (das Sonnensystem hat selbst aufgeräumt). Das Bombardement der Meteoriten und Kometen ist äußerst heftig. Als 1986 der Halleysche Komet an uns vorbeiflog, hat man festgestellt, daß er eine ansehnliche Menge von Kohlenwasserstoffen enthält. Auftreffende Himmelskörper haben während der ersten Jahrmilliarde unseres Planeten vermutlich außer Wasser erhebliche Mengen komplexer Moleküle auf die Erde gebracht. Die Kometen, die einst als Boten von Tod und Zerstörung galten, spielten vermutlich eine positive Rolle bei der Entstehung des Lebens. Weniger als eine Milliarde Jahre nach der

Entstehung der Erde wimmelt der Ozean bereits von lebenden Organismen, darunter die ersten Blaualgen.

Die Schwangerschaft des Universums

*Ende des ersten Akts, des längsten, des langsamsten. Nach mehreren
Milliarden Jahren der Geschichte des Universums sind wir auf der
Erde angekommen. Von nun an werden sich die Dinge auf diesem
Planeten erheblich beschleunigen.*

Jetzt kommt es zu molekularen Verbindungen aus Hunderten,
Tausenden, Millionen von Atomen. Seit dem Urknall ist die
Materie auf den Stufen der Pyramide der Komplexität immer
höher geklettert. Nur ein verschwindender Teil der Elemente,
die einen bestimmten Treppenabsatz erreicht haben, schafft es,
den nächsten Absatz zu erreichen. Nur ein Bruchteil der Protonen vom Beginn der Geschichte hat schwere Atome gebildet.
Nur eine ganz geringe Zahl von einfachen Molekülen hat sich
zu komplexen Molekülen vereinigt, und nur ein winziger Teil
dieser letzteren wird sich an lebenden Strukturen beteiligen.

*Gleichzeitig sieht es so aus, als habe in diesem ersten Akt der Evolu-
tion eine große Gleichförmigkeit geherrscht.*

Das stimmt. Das Universum hat überall im Raum dieselben
Strukturen errichtet. Noch nie haben wir auf den Sternen und
in den fernsten Galaxien auch nur ein einziges Atom beobachtet, das nicht auch im Labor vorkäme.

*Das würde den Gedanken nahelegen, daß sich dieselbe Geschichte
auch anderswo hätte abspielen können und daß auch auf anderen
Planeten Leben existiert.*

Überall stellt man fest, daß die Quarks sich zu Protonen und Neutronen vereinigten, daß diese sich zu Atomen verbanden und daß letztere sich zu Molekülen zusammenfügten. Und überall stürzen Wolken interstellarer Materie in sich zusammen und ergeben Sterne. Denkbar, daß einige davon Systeme von Planeten besitzen, von denen wiederum einige flüssiges Wasser enthalten, das der Entstehung von Leben förderlich ist. Das alles ist plausibel, aber noch nicht bewiesen.

Der Tag der Erde

Auch die Zeit ist geschrumpft; je weiter unsere Geschichte voranschreitet, desto schneller verläuft die Evolution.

Sie haben recht. Verkürzt man die 4,5 Milliarden Jahre unseres Planeten auf einen Tag und nimmt man an, er sei um 0 Uhr entstanden, dann tritt das Leben um 5 Uhr morgens auf und entwickelt sich den ganzen Tag lang. Erst gegen 20 Uhr erscheinen die ersten Weichtiere. Um 23 Uhr treten dann die Dinosaurier auf, die um 23.40 Uhr wieder verschwinden und das Feld der raschen Evolution der Säugetiere überlassen. Unsere Vorfahren tauchen erst in den letzten fünf Minuten vor 24 Uhr auf und erst in der allerletzten Minute verdoppelt sich das Volumen ihres Gehirns. Die industrielle Revolution hat erst vor einer Hundertstelsekunde begonnen!

Und wir sind umgeben von Leuten, die glauben, sie könnten das, was sie seit diesem Sekundenbruchteil machen, unbegrenzt fortsetzen. Unweigerlich erkennt man im Ablauf dieses ersten Aktes eine Logik, eine Art Komplexitätstrieb, der das Universum zu immer weitergehenden, wie russische Puppen ineinandersteckenden Organisationsformen

*treibt, die vom Chaos zu intelligentem Leben führen. Vielleicht könn-
te man sagen, das Ganze hat eine Richtung ...*

Wir müssen feststellen, daß unser Universum seinen gestaltlosen Anfangszustand in ein Ensemble von immer höher or-
ganisierten Strukturen verwandelt hat. Man könnte diesen
Wandel mit der Einwirkung der physikalischen Kräfte auf
eine sich abkühlende Materie erklären. Ohne die Expansion
des Universums, ohne den großen interstellaren Raum gäbe
es keinen zweiten Akt dieser Geschichte. Doch damit würde
die Frage nur um eine Stufe verschoben, und wir wären bei
den Gesetzen angekommen. Die Frage »Warum gibt es Gesetze und nicht vielmehr keine Gesetze?« scheint mir die lo-
gische Folge aus Leibniz' berühmter Frage zu sein: »Warum
gibt es etwas und nicht vielmehr nichts?«

*War die Entstehung des Lebens automatisch im Ablauf dieses Szena-
rios enthalten?*

Jemand hat einmal gesagt, die Wahrscheinlichkeit der Entstehung des Lebens sei ebenso gering wie die, daß ein Affe auf
einer Schreibmaschine das Werk Shakespeares zusammen-
tippt. Heute sprechen zahlreiche Gründe für die Annahme,
daß die Entstehung von Leben auf einem geeigneten Planeten durchaus nicht unwahrscheinlich ist. Ob nun wahrscheinlich oder unwahrscheinlich, man darf behaupten, daß die
Möglichkeit (aber nicht die Notwendigkeit) der Entstehung
des Lebens, deren abenteuerliche Geschichte Joël de Rosnay
im folgenden erzählen wird, seit den Anfängen des Kosmos
bereits in der Form der physikalischen Gesetze enthalten war.

ZWEITER AKT

DAS LEBEN

1. Szene:
DIE URSUPPE

*Weder zu nah noch zu fern von einem günstigen Gestirn,
versteckt sich die Erde hinter ihrem Schleier und tritt in der
Evolution der Materie die Nachfolge der Sterne an.*

Das aus der Materie geborene Leben

*Daß zwischen der Evolution des Universums und der Evolution des
Lebens ein Zusammenhang besteht, ist eine junge Idee. Jahrhundertelang wurde zwischen der Materie und dem Lebendigen streng ge-
schieden, so als seien es zwei verschiedene Welten.*

JOËL DE ROSNAY: Das Leben ist fähig, sich fortzupflanzen,
Energie zu nutzen, sich zu entwickeln, zu sterben … Die Materie dagegen ist leblos, unbeweglich, unfähig, sich fortzupflanzen. Blickte man auf das Reich des Lebendigen auf der
einen und auf das mineralische Reich auf der anderen Seite,
konnte man sie lange Zeit nur als einander völlig entgegengesetzt betrachten. Aber früher wußte man nicht, daß die Moleküle aus Atomen und daß Zellen aus Molekülen bestehen.
Deshalb führte man die Entstehung des Lebens auf der Erde
auf den Willen der Götter oder auf einen ungewöhnlichen
Zufall zurück. Eigentlich versteckte man dahinter nur seine
Unwissenheit.

Also kein Zufall in diesem zweiten Akt?

Noch vor kurzem sprachen Naturwissenschaftler von einem »schöpferischen Zufall«; auf der frühen Erde sollten sich bestimmte Substanzen zufällig zu den ersten Organismen verbunden haben, so daß es sich ausschließlich um ein irdisches Ereignis handelte. Heute ist diese Hypothese nicht mehr angebracht.

Kann man denn felsenfest behaupten, das Leben sei aus der Materie geboren?

Inzwischen haben zahlreiche Entdeckungen und Experimente diese großartige Idee aus den 1950er Jahren bestätigt: Das Leben ist ein Ergebnis der langen Evolution der Materie, die sich, seit den ersten Verbindungen der Urknallphase, auf der Erde mit den primitiven Molekülen, den ersten Zellen, den Pflanzen und den Tieren ständig fortsetzt. Diese Entwicklung des Lebendigen, die sich über Hunderte von Jahrmillionen erstreckte, ist also durchaus als eine Etappe einer umfassenderen Geschichte anzusehen, der Geschichte der Komplexität. Nach der Entstehung der Erde organisieren sich Moleküle zu Makromolekülen, diese zu Zellen und die Zellen zu Organismen. Das Leben geht aus der Wechselwirkung und gegenseitigen Abhängigkeit dieser neuen Bausteine hervor.

Notwendigkeit ohne Zufall

Dann kann man also, wie Hubert Reeves vorschlägt, sagen, daß die Entstehung des Lebens durchaus wahrscheinlich war?

Jacques Monod sprach von »Notwendigkeit«: Unter bestimmten Bedingungen erzeugen die Gesetze, welche die Materie organisieren, notwendigerweise immer komplexere Systeme.

Wenn man als Vergleich einen Kieselstein betrachtet, kann man der Ansicht sein, daß das Erscheinen eines lebenden Organismus praktisch unwahrscheinlich ist. Das ist es aber nicht mehr, wenn man die lange Dauer, den Ablauf unserer Geschichte berücksichtigt.

Die Szene, die wir beschreiben wollen, hätte sich demnach anderswo im Universum abspielen können?

Richtig. Denken wir uns einen Planeten, der von einem Stern einen angemessenen Abstand hat, um Leben hervorzubringen. Er soll groß genug sein, um eine dichte Atmosphäre festzuhalten, die aus Wasserstoff, Methan, Ammoniak, Wasserdampf und Kohlendioxid besteht. Durch die Abkühlung dieses Planeten soll eine Entgasung seines Inneren und eine Kondensation zustande kommen, die flüssiges Wasser ergibt. Durch die chemischen Synthesen in seiner Atmosphäre sollen sich in dem Wasser außerdem Moleküle anreichern, die vor der ultravioletten Strahlung geschützt sind. Das alles sind keine ungewöhnlichen Bedingungen, in vielen Regionen des Universums können sie gegeben sein. In diesem Fall besteht daher eine hohe Wahrscheinlichkeit, daß lebende Systeme entstehen. Deshalb sind viele Wissenschaftler der Ansicht von Hubert Reeves, daß das Leben auch anderswo, sei es in unserer Galaxie oder einer anderen, hat entstehen können.

Die Notwendigkeit ohne den Zufall.

Ja. Jeder Planet, der Wasser besitzt und sich in einer optimalen Entfernung von einem heißen Stern befindet, hat die Möglichkeit, komplexe Moleküle und kleine Kügelchen anzureichern, die chemische Substanzen mit ihrer Umgebung austauschen. Von Notwendigkeit zu Notwendigkeit mündet die chemische Evolution in rudimentäre Lebewesen.

Rezept für eine Maus

Das Leben, das aus der Materie hervorgeht, erinnert ein wenig an die Urzeugung, von der man früher sprach. Unsere Ahnen hätten demnach nicht ganz unrecht gehabt …

Das stimmt. Sie glaubten jedoch, daß das Leben spontan aus der zerfallenden Materie hervorgeht, daß die Würmer aus dem Kot und die Fliegen aus dem verdorbenen Fleisch hervorkriechen. Im 17. Jahrhundert hat ein berühmter Mediziner sogar das Rezept für Mäuse angegeben: Man nehme Weizenkörner und ein schmutziges, von menschlichem Schweiß durchtränktes Hemd, lege das Ganze in eine Kiste und warte einundzwanzig Tage. Einfach, nicht wahr? Mit Hilfe der ersten Mikroskope entdeckte man dann die Existenz von winzigen Organismen, von Hefepilzen und Bakterien, die in zerfallenden Substanzen gedeihen. Daraufhin behauptete man, das Leben gehe fortgesetzt in mikroskopischer Form aus der Materie hervor.

Ganz so dumm war das nicht.

Die Grundidee stimmte, aber die Schlußfolgerung war falsch: Das Leben entsteht nicht spontan; es hat lange gedauert, bis das Leben erschien. 1862 zeigte Pasteur, daß mikrobielle Keime in der Umwelt allgegenwärtig sind, nicht nur in der Luft, sondern auch auf unseren Händen, auf den Gegenständen. Die winzigen Organismen, die man in den Nährflüssigkeiten beobachtet, gehen also auf eine Kontamination zurück. Pasteur braute eine Nährflüssigkeit aus Rüben, Gemüse und Fleisch zusammen; er füllte sie in einen Kolben mit einem sehr langen Schwanenhals, um sie von der Außenluft abzuschließen, und erhitzte diese Suppe, um sie zu sterilisieren. In seiner Retorte zeigte sich kein Leben.

Quod erat demonstrandum: Das Leben kann nicht spontan entstehen.

Richtig. Aber damit schob er das Ursprungsproblem auf die lange Bank, wo es noch lange bleiben sollte. Denn aus seinen Ergebnissen folgerte man, daß das Leben nicht aus der leblosen Materie hervorgehen könne, sondern nur – aus dem Leben. Wie aber sollte man dann seine allererste Entstehung erklären? Es gab nur drei Lösungen: ein göttliches Eingreifen, was aber keine Wissenschaft mehr war; den Zufall, der einem Wunder gleichkommt, eine kaum annehmbare Hypothese; oder einen außerirdischen Ursprung: Lebenskeime sollten von Meteoriten gebracht worden sein, womit die Frage aber durchaus nicht geklärt war.

Darwins Gespür

Schließlich war man aber doch bereit, eine Brücke zwischen der Materie und dem Leben zu bauen.

Ja. Man mußte den Stillstand, der mit Pasteur eingetreten war, überwinden und begreifen, daß das Leblose das Lebendige nicht »spontan« erzeugt hat, sondern schrittweise, im Laufe von Jahrmilliarden. Es war Darwin, der den grundlegenden Gedanken der Dauer einführte.

Aber er sprach von der Evolution der Tierarten.

Nicht nur. Gewiß hat Darwin das Prinzip der Evolution der lebenden Arten entdeckt: Von der ersten Zelle bis zum Menschen stammen die Tiere voneinander ab, wobei sie sich im Laufe der Zeit durch sukzessive Variationen und durch natürliche Auslese modifizieren. Allzu oft wird jedoch vergessen, daß er außerdem davon sprach, daß die frühe Erde noch vor dem Auftreten des Lebens und der Entstehung der ersten Zellen eine Evolution der Moleküle gekannt haben muß.

Ein feines Gespür!

Genau. Er hatte auch verstanden, daß es schwierig sein würde, diese Behauptung zu beweisen und sie in der Natur zu beobachten; sollten heute in einem kleinen Tümpel evolutionsfähige Moleküle existieren, so würden sie scheitern, weil gegenwärtig lebende Arten sie vernichten würden. Eine sehr bahnbrechende Erkenntnis: Tatsächlich hat das Leben, nachdem es einmal entstanden war, alte Bereiche besetzt, seine eigenen Wurzeln gefressen und verhindert, daß sich zur gleichen Zeit andere Arten von Evolution vollziehen konnten.

Henne und Ei

Wie läßt sich denn beweisen, daß das Leben wirklich von der Materie »abstammt«?

Indem man diese Evolution im Labor nachzeichnet. Inzwischen kennen wir fast alle Zwischenstufen, die von den Molekülen der frühen Erde zu den ersten Lebewesen führten, und wir können sie in unseren Reagenzgläsern teilweise reproduzieren. Ende des 19. Jahrhunderts hatte ein Forscher bereits seine Umgebung schockiert, weil es ihm gelungen war, den Harnstoff zu synthetisieren, einen aus Kohlenstoff, Wasserstoff und Stickstoff bestehenden Baustein des Lebens. Das reichte aber noch nicht, um das alte Vorurteil auszuräumen, daß Leben nur aus Leben hervorgehen könne.

Es ist das Problem von der Henne und dem Ei.

Genau. Zwei Forscher haben diesen Teufelskreis durchbrochen, der russische Biochemiker Alexander Oparin und der Engländer John Haldane. Auf der frühen Erde herrschten ihnen zufolge ganz andere Bedingungen als heute; die Atmosphäre enthielt weder Stickstoff noch Sauerstoff, sondern ein lebensfeindliches Gemisch aus Wasserstoff, Methan, Ammoniak und Wasserdampf, das jedoch der Entstehung komplexer Moleküle förderlich war. Anfang der fünfziger Jahre greift der Franzose Teilhard de Chardin, auch er ein Vorläufer, die von Darwin angedeutete Idee einer Evolution der Materie auf und spricht von einem »Vor-Leben« – einer Zwischenstufe zwischen dem Leblosen und dem Lebendigen –, das sich in der Frühzeit der Erde abgespielt haben könnte.

Das war noch zu beweisen.

Was Stanley Miller, ein 25jähriger Chemiker, 1952 tat. Warum nicht diese Bedingungen aus der Vorzeit des Lebens rekonstruieren? fragte er sich. Er führte also heimlich ein Experiment durch, um sich nicht dem Spott seiner Kollegen auszusetzen. Er brachte die Gase der frühen Erde – Methan, Ammoniak, Wasserstoff, Wasserdampf und dazu etwas Kohlendioxid – in einen Kolben, simulierte den Ozean, indem er Wasser einfüllte, erhitzte das Ganze eine Woche lang, um Energie einzuführen, und löste Funkenschläge aus, die Blitze simulieren sollten. Am Boden des Kolbens zeigte sich eine orangerote Substanz; sie enthielt Aminosäuren, jene Moleküle, die die Bausteine des Lebens sind! Niemand hatte sich auszudenken gewagt, daß man sie aus so einfachen Elementen herstellen könnte. Die wissenschaftliche Welt war sprachlos. Die erste Brücke zwischen der Materie und dem Leben war geschlagen.

Der Planet der Gänseblümchen

Es hat also einige Zeit gedauert, bis man zugab, daß es einen kontinuierlichen Übergang vom unbelebten Universum zum Leben gibt. Seine wichtigsten Etappen mußten aber noch nachgezeichnet werden.

Darum haben sich drei Wissenschaften bemüht: die Chemie, indem sie die grundlegenden Transformationen simulierte; die Astrophysik, indem sie im Universum nach Spuren der organischen Chemie forschte; die Geologie, indem sie auf der Erde nach Fossilien des Lebens suchte. Auf diese Weise konnte die Erkenntnis durchgesetzt werden, daß die wichtigsten Bestandteile des Lebendigen aus der Verbindung bestimmter einfacher Moleküle hervorgehen, die sich vor 4,5 Milliarden Jahren – also zur Zeit ihrer Entstehung – auf der Erde befanden.

Der chemische Cocktail der frühen Erde, ihr flüssiges Wasser und ihre spezielle Atmosphäre waren Nutznießer der Sonnennähe. Man sagt, wir hätten den »richtigen Abstand« vom Zentralgestirn gehabt, was auch immer das heißen mag …

Nah genug, um seine infraroten und ultravioletten Strahlen zu empfangen, die chemische Reaktionen auszulösen vermögen. Der »richtige Abstand« bedeutet, daß sich damals ein Gleichgewicht auf der Erde einstellte. Denken wir uns nach dem Vorschlag des Engländers James Lovelock einen kleinen Planeten, der von weißen und schwarzen Gänseblümchen besiedelt ist. Die weißen reflektieren das Sonnenlicht und tragen zur Abkühlung ihrer Umgebung bei, während die schwarzen das Licht absorbieren und ihre Umgebung aufheizen.

Sie befinden sich also in einem Wettbewerb.

Richtig. Anfangs ist der Planet sehr heiß. Das halten die Gänseblümchen nicht aus, und viele gehen ein. Ein kleines loka-
les System enthält einige weiße, die durch ihr bloßes Dasein
ihre Umgebung kühlen und überleben. Je tiefer die Temperatur in diesem Gebiet sinkt, desto mehr breiten sie sich aus.
Nach einiger Zeit nehmen sie fast die gesamte Oberfläche des
Planeten ein, der überwiegend weiß wird. Doch plötzlich
sinkt die Temperatur, und sie gehen reihenweise ein. Jetzt
sind die schwarzen, die überlebt haben, im Vorteil; indem sie
ihre Umgebung aufheizen, gewinnen sie die Oberhand. Das
System startet in die andere Richtung, bis es wieder zu heiß
wird …

Das kann ewig so weitergehen.

Nein. Denn im Laufe der Zeit stellt sich durch ein Wechsel-
spiel von Geburt und Tod in einem Patchwork aus weißen
und schwarzen Gänseblümchen ein Gleichgewicht ein, das
eine optimale Temperatur für das Überleben des Ganzen
erzwingt. Das Verhältnis der Oberflächen von weißen und
schwarzen wirkt wie ein Thermostat. Kommt es aus irgend-
welchen Gründen zu einem Wärmestoß, so wird sich das System nach einiger Zeit wieder stabilisieren.

Der Anfang des Lebens

Was hat das mit der frühen Erde zu tun?

Die Geschichte unserer Gänseblümchen ist die Geschichte
des Lebens auf der Erde. Wenn wir heute den Eindruck haben, der Abstand zwischen Sonne und Erde sei »richtig« für
die Entwicklung des Lebens, so beruht das nicht auf einem

glücklichen Zufall; vielmehr haben die ersten Bestandteile des Lebens die Temperatur auf der Höhe reguliert, die mit ihrem Überleben und ihrer Ausbreitung am besten harmonierte.

Eine Art Selbstregulierung. Wie sind nun diese Bestandteile zueinander gekommen?

Wir befinden uns in der Frühzeit der Erde vor rund vier Milliarden Jahren. Unser Planet besitzt einen Kern aus Silikaten, eine Kruste aus Kohlenstoff und eine Atmosphäre aus unserem Gasgemisch: Methan, Ammoniak, Wasserstoff, Wasserdampf und Kohlendioxid. Unter der Einwirkung der ultravioletten Strahlen und der heftigen Blitze zerbrechen diese Gasmoleküle, die um den Planeten schweben, sie lösen sich auf und formen komplexere Gebilde: die ersten Moleküle, die man »organisch« nennt, weil sie heute Bestandteile der Lebewesen sind. Zum Beispiel gehen die Kohlenstoff-, Stickstoff-, Wasserstoff- und Sauerstoffatome, die bislang in Methan, Ammoniak und Wasser gebunden sind, neue Verbindungen ein und bilden Aminosäuren.

Hubert Reeves wies bereits auf die positive Rolle des Kohlenstoffs in der Evolution hin.

Der Kohlenstoff besitzt in der Tat eine Geometrie, die ihn befähigt, sich auf vielfältige Weise mit anderen Atomen zu verbinden, entweder zu stabilen Strukturen oder zu sehr reaktionsfreudigen Molekülen oder zu langen organischen Ketten. Er kann außerdem Elektronen an diesen Ketten entlang leiten, was uns eine gewisse Vorahnung der Nervennetze sowie der elektronischen Kommunikationsnetze gibt, die der Mensch erfunden hat. Die Moleküle des Lebendigen sind also Verbindungen von Kohlenstoffatomen mit Sauerstoff-, Wasserstoff-, Stickstoff-, Phosphor- und Schwefelatomen.

Sonst nichts. Einmal in der Atmosphäre entstanden, regnen diese Moleküle in den Ozean hinab, wo sie geschützt sind.

Wie lange zieht sich das hin?

Mehr als 500 Millionen Jahre regnet es organische Moleküle, wobei die Niederschläge dadurch entstehen, daß der Wasserdampf in den kühlen Schichten der Atmosphäre kondensiert. Seit dieser Zeit stehen zwei Wesensmerkmale des Lebendigen fest: seine chemische Zusammensetzung – alle Organismen bestehen aus Kohlenstoff, Wasserstoff, Sauerstoff und Stickstoff – und seine Energiequelle – die Sonne.

Die organischen Regenfälle

Vermutlich ist es auch auf anderen Planeten zu solchen Regenfällen gekommen?

Hubert Reeves hat berichtet, daß die Astrophysiker überall im Universum auf organische Moleküle gestoßen sind. Seit fünfzehn Jahren haben sie rund siebzig davon identifiziert, woraus man ersieht, daß das kein Ausnahmefall im Universum war. Vor 4,5 Milliarden Jahren war die Wahrscheinlichkeit ihrer Bildung sehr groß.

Die ersten Bausteine des Lebens sind also gewissermaßen vom Himmel gefallen.

Ja. Der unablässige Molekülregen, der auf die Erde niedergeht, enthält Aminosäuren und Fettsäuren, die Vorläufer der Lipide. Zwei Moleküle, das Formaldehyd und die Blausäure, scheinen damals eine wichtige Rolle gespielt zu haben; ultravioletten Strahlen ausgesetzt, entstehen aus diesen beiden Gasen nämlich zwei der vier »Basen«, die später die DNS bilden werden, die Trägerin der Vererbung. In dieser riesigen Nährflüssigkeit, die der frühe Planet darstellt, gibt es also bereits zwei der vier »Buchstaben« des genetischen Codes, der alle Lebewesen auszeichnet.

Aber alles ist durchmischt, wie im anfänglichen Chaos des Urknalls.

Tatsächlich ist es eine Suppe aus ganz unterschiedlichen Molekülen. Und wie in Hubert Reeves' Buchstabensuppe verbinden sich diese neuen Buchstaben nun zu Wörtern, den Aminosäureketten, die sich zu Hunderten vereinen, um Sätze zu bilden, die Proteine. Nunmehr sind es die Moleküle, die das Werk der Komplexität fortführen.

Was hätte diese ersten Synthesen zum Scheitern bringen können?

Das Leben selbst, wenn es vorher existiert hätte. Oder die Hitze und die ultravioletten Strahlen, wenn sie zu stark gewesen wären. Die Atmosphäre der Erde hat diese komplexen Moleküle nicht nur erzeugt, sondern auch abgeschirmt. Ohne die schützende Hülle wären sie verloren gewesen. Die ersten Zellen werden sich dagegen später der Sonnenenergie bedienen, um Sauerstoff zu erzeugen, und der Sauerstoff wird in der oberen Atmosphäre Ozon ergeben, das sie wiederum vor den ultravioletten Strahlen schützt. Das Leben hat sich sein eigenes Überleben gesichert.

2. Szene:
DAS LEBEN ORGANISIERT SICH

Es regnet auf den Planeten. Vom Himmel gefallen,
vereinigen sich raffinierte Moleküle in den Lagunen
und erfinden die ersten Tropfen des Lebens.

Aus Ton geboren

Bislang ähnelt unsere Geschichte einem Legospiel: Die Verbindungen
werden immer komplexer und bilden jetzt riesige Molekülketten. Aber
es ist immer noch Materie. Durch was für einen Zauberschlag geht
daraus das Leben hervor?

Eine neue Etappe kann nur dann beginnen, wenn diese Moleküle in der Lage sind, mit ihren Verbindungen fortzufahren. Im Universum hat die Temperatur die Rolle des Auslösers gespielt. Auf der Erde wird eine spezielle Umgebung diese Rolle übernehmen.

Die Meere?

Nein. Das Leben ist nicht, wie man lange geglaubt hat, in den Meeren entstanden, sondern sehr wahrscheinlich in Lagunen und Sümpfen, an Orten, die tagsüber trocken und heiß und nachts kühl und feucht sind, die trockenfallen und dann wieder Wasser aufnehmen. Es gibt in diesen Umgebungen Quarz und Ton, in denen die langen Molekülketten in der Falle sitzen und sich miteinander verbinden. Bestätigt wurde das durch Experimente, bei denen man die Austrocknungszyklen von Tümpeln simulieren konnte: In Anwesenheit von Tonen vereinigen sich die berühmten »Basen« spontan zu kleinen Nukleinsäureketten, vereinfachten Formen der DNS, der künftigen Trägerin der Erbinformation.

Aus dem Ton geborenes Leben! Wir stoßen, wie beim Ursprung des Universums, wieder auf eine erstaunliche Übereinstimmung zwischen den Behauptungen der Wissenschaft und den Glaubensüberzeugungen der Vorväter: Etliche Mythologien verbinden den Ursprung des Lebens mit Wasser und Ton ...

Eine sehr hübsche Geschichte. Der Mensch wurde geschaffen von den Göttern, die aus Ton und Wasser Statuen formten ... Ist das ein zufälliges Zusammentreffen oder eine nachträgliche Feststellung? Es mag sein, daß das menschliche Denken – wie das der Kinder – einfache Ahnungen kennt, die dann von der Wissenschaft bestätigt werden können ...

Die Erfindung des Innen

Wie wirkt der Ton auf diese Moleküle?

Er verhält sich wie ein kleiner Magnet. Seine Ionen – das sind Atome, die Elektronen verloren haben oder überzählige besitzen – ziehen die benachbarte Materie an und regen sie zu Reaktionen an. Die berühmten Spurenelemente von heute sind übrigens das Ergebnis der Evolution dieser kleinen Ionen des Urmeeres. Dank ihrer können die Verbindungen der Materie sich fortsetzen.

So daß weitere lange Atomketten entstehen?

Nicht nur. Jetzt tritt ein neues Phänomen auf. Einige Moleküle sind hydrophil, sie werden vom Wasser angezogen; andere sind hydrophob, sie werden vom Wasser abgestoßen. Die Proteine in den Lagunen bestehen aus Aminosäuren, von denen einige wasserliebend sind und andere nicht. Was machen diese? Sie rollen sich zusammen, wodurch sie nur außen mit dem Wasser in Kontakt kommen, während sie innen vor dem Wasser geschützt sind.

Sie bilden Kugeln?

Sie verschließen sich gewissermaßen. Andere Molekülketten bilden ebenfalls Membranen und verwandeln sich in Kügelchen, die nun in den Meeren auftauchen wie Öltropfen in der Vinaigrette. Das Entstehen dieser unterschiedlichen präbiotischen Kügelchen ist ein grundlegendes Phänomen.

Wieso?

Zum ersten Mal in unserer Geschichte taucht etwas auf, das in sich geschlossen ist, das ein Innen und Außen hat, wie Teilhard de Chardin sagen würde. Dieses Innen bestimmt den weiteren Verlauf der Evolution unserer kleinen Kügelchen bis hin zur Entstehung des Lebens und später des Bewußtseins.

Bewußtsein entsteht durch die Magie der Vinaigrette!

Das Leben entsteht jedenfalls aus der Emulsion, und warum nicht? Was diese Tröpfchen interessant macht, ist die Tatsache, daß sie geschlossene Milieus, von der Ursuppe abgeschirmte Umgebungen darstellen. Sie hatten chemische Substanzen gefangen, die ganz eigene Cocktails bilden. Sie werden zu den neuen Schmelztiegeln des Lebendigen.

Und übernehmen die Evolution, deren Gesetz während des ersten Aktes die Sterne gefolgt waren, um den Drang zur Komplexität voranzutreiben.

Ganz richtig. Ohne diese Membranen wären neue Verbindungen nicht möglich gewesen; man stelle sich nur einen Menschen ohne Haut vor. Die Bildung von geschlossenen Umgebungen war für den Fortgang der Evolution unerläßlich.

Woher weiß man das?

Diese Etappe läßt sich leicht im Labor reproduzieren. Man nimmt Öl, verschiedene Zuckerarten und Wasser. Man schüttelt und erhält Emulsionen von kleinen Tropfen, die unter dem Mikroskop Zellen ähneln. Das ist ein ganz spontanes Phänomen. In der Ursuppe waren die Moleküle groß genug, um sich zusammenzuballen, sich zu schließen und diese Tröpfchen zu bilden.

Und das geschieht überall auf dem Planeten?

Überall in den Lagunen. Die Tropfen haben alle dieselbe Größe, die sich aus dem Gleichgewicht zwischen ihrem Volumen, ihrem Gewicht und der Festigkeit ihrer Membran ergibt (wenn sie zu voluminös sind, fallen sie auseinander). Deshalb haben die lebenden Zellen, die später daraus hervorgehen, alle ungefähr dieselbe Abmessung von 10 bis 30 Mikron.

Lebenstropfen

Aber diese Tropfen sind nicht »lebendig«.

Noch nicht. Sagen wir, sie sind »vor-lebendig«. Sie breiten sich jetzt in ungeheurer Zahl aus. Ihr Vorteil ist, daß sie nur in einer Richtung durchlässig sind: Sie lassen bestimmte kleine Moleküle durch, die sich im Inneren in große Moleküle verwandeln und dann in der Falle sitzen. Es setzt eine neue Alchimie ein, es laufen chemische Reaktionen ab ...

Jeder dieser Tropfen braut sein eigenes Süppchen? Das wäre gewissermaßen der Anfang der Individualität.

Ja, und das führt zu einer großen Vielfalt solcher »vor-lebendigen« Systeme. Es kommt vor, daß der chemische Cocktail im Inneren die Membran sprengt und die Moleküle ins Freie treten. Es kommt auch vor, daß er im Gegenteil seine Membran verstärkt und damit das Überleben des Systems sichert ... So beginnt eine Art Auslese der Tropfen, die sich über Jahrmillionen erstreckt. Noch vor der Entstehung des Lebens gibt es einen Kampf um das Leben.

Schon damals eine natürliche Auslese!

Die Darwin vorhergesagt hat. Übrig bleiben allein jene Tropfen, deren inneres chemisches Milieu der Umgebung angepaßt ist. Jene, die beispielsweise die Möglichkeit haben, Energie zu erzeugen, sind gegenüber den anderen im Vorteil.

Wieso?

Weil diese Energie ihnen erlaubt, sich zu entwickeln. Die einen nutzen dazu die Substanzen, die durch ihre Membran von außen kommen; das sind die Anfänge der Gärungsreaktion. Andere, die Pigmente enthalten, also Moleküle, die Licht einfangen können, verwandeln Photonen von der Sonne in Elektronen, wie Photoelemente. Sie sind nicht auf die Aufnahme von äußeren Substanzen angewiesen.

Und das ist besser?

Natürlich! Denn die von all diesen gefräßigen Tröpfchen bevölkerte Ursuppe beginnt allmählich dünner zu werden. Die autonomen kleinen Strukturen sind denen überlegen, die es nötig haben, immer knapper werdende Substanzen aufzunehmen.

Schon damals herrscht Knappheit!

Richtig. Doch das alles würde zu nichts führen, wenn jetzt nicht ein anderes Phänomen einträte: Bestimmte Tropfen können ihren inneren Cocktail reproduzieren, ihre chemische Rezeptur vermehren, was ihnen einen erheblichen Evolutionsvorteil verschafft.

Das gesicherte Überleben

Wie kommt es zur Reproduktion?

Diese Tropfen enthalten eine spezielle Molekülkette, eine Säure namens RNS (Ribonukleinsäure), die aus vier Molekülen, den vier Basen der künftigen Gene, besteht. Sie besitzt, wie kürzlich nachgewiesen wurde, eine außergewöhnliche Fähigkeit: Sie kann sich selbst reproduzieren. Stellen wir uns vor, daß ein Tropfen sich in zwei Teile teilt und daß der neue Tropfen, der so entsteht, eine RNS ähnlich der ersteren besitzt. Stellen wir uns außerdem vor, daß diese RNS in der Struktur des Tropfens als Katalysator wirkt. Damit gibt es eine Übertragung einer Art von Grundplan, aufgrund dessen eine Membran und ein identisches System rekonstruiert werden können. Wir haben ein selbstreproduzierendes System im Urzustand. Man könnte sagen, daß für die Tropfen, die eine solche RNS besitzen, das Überleben ihrer »Art« gesichert ist.

Kann man jetzt von den ersten »Lebenstropfen« sprechen?

Nach allgemeiner Auffassung ist ein lebender Organismus ein System, das für seine Selbsterhaltung sorgen, sich autonom regeln und sich reproduzieren kann. Das sind drei Prinzipien, welche die Zelle als den elementaren Baustein eines jeden Lebewesens vom Bakterium bis zum Menschen charakterisieren und welche man diesen Kügelchen tatsächlich zuschreiben kann. Fehlt eine dieser Eigenschaften, so handelt es sich nicht um »Lebendiges«. Ein Kristall beispielsweise lebt nicht: Er reproduziert sich, aber er erzeugt keine Energie.

Und wie ist es mit dem Virus: lebt es?

Die Frage ist nicht eindeutig zu beantworten. Nehmen Sie zum Beispiel das Tabakmosaikvirus (das eine Krankheit der Pflanze hervorruft). Wenn Sie es dehydratisieren, erhalten Sie Kristalle, die Sie wie gewöhnlichen Zucker oder Salz jahrelang in einem Glas aufbewahren können. Das Virus reproduziert sich nicht, es bewegt sich nicht, es assimiliert keinerlei Substanz, es »lebt« nicht. Es ist ein Kristall. Eines Tages nehmen Sie dann Ihr Pulver und fügen ein wenig Wasser hinzu. Wenn Sie etwas von der Lösung auf ein Tabakblatt tun, zeigt die Pflanze bald Anzeichen der Infektion: Das Virus hat seine Fähigkeiten wiedererlangt, es reproduziert sich mit unglaublicher Geschwindigkeit.

Sagen wir, es ist ein Grenzfall. Es ist so etwas wie ein Parasit, der für seine Reproduktion auf anderes Leben angewiesen ist. Es benutzt die Zelle als ein Kopiergerät. Eine Zeitlang hat man in den Viren sogar die einfachsten Formen des Lebens gesehen und sogar gemeint, sie stünden am Ursprung des Lebens. Das ist jedoch nicht sehr wahrscheinlich, weil sie auf lebende Strukturen angewiesen sind, um sich zu reproduzieren. Heute sieht man in den Viren vielmehr überperfektionierte Strukturen, die Nachkommen von Zellen, die sich im Laufe ihrer Evolution ihres lästigen Reproduktionsmaterials entledigt haben, um sich auf ihren einfachsten Ausdruck zu reduzieren und größere Effizienz zu erreichen. Sie haben sich vereinfacht, um ihr Lebensminimum zu erreichen.

Die Ansteckung durch das Leben

Zurück zu unseren etwas seltsamen Tropfen, die sich reproduzieren können. Man ahnt, daß sie sich rasch ausbreiten werden ...

In ihrem Inneren geht das Spiel der Chemie weiter. Der Code der Reproduktion vervollkommnet sich. Je zwei RNS-Fädchen verbinden sich unter geringfügiger Modifikation zu einer Doppelhelix, einem wendeltreppenartig gedrehten Doppelstrang. Diese DNS (Desoxyribonukleinsäure) genannte Struktur setzt sich am Ende durch, weil sie eine größere Stabilität aufweist. Daraufhin beginnt ein chemischer Dialog zwischen zwei Arten von Molekülketten: den Proteinen und der DNS. Sehr wahrscheinlich hat zwischen beiden eine direkte Reaktion stattgefunden, wobei sich die einen aufgrund einfacher und regelhafter chemischer Affinitäten in die Lükken der anderen gesetzt haben.

Erreicht die Natur nun das Stadium der Gene, der Träger der Vererbung?

Die Gene aller Lebewesen der Erde entsprechen Abschnitten von Ketten, die zu einer Doppelhelix umeinandergedreht sind, zusammengesetzt aus vier Molekülen, den vier Basen; sie gleichen sehr langen Wörtern, die in einem aus vier Buchstaben bestehenden Alphabet geschrieben sind. In vollkommener Entsprechung passen je zwei genau zusammen.

Dann besiedeln die DNS-Tropfen also die Erde?

Mit rasanter Geschwindigkeit! Die ersten Tröpfchen sind vor rund vier Milliarden Jahren auf der Erde erschienen. In den folgenden 500 Millionen Jahren geht die chemische Auslese weiter. Es hat den Anschein, daß das Leben sehr lange, während Hunderter von Jahrmillionen, in einem Ruhezustand geblieben ist, beschränkt auf bestimmte Bereiche in Lagunen und Tümpeln. Und dann hat es, vor sehr viel kürzerer Zeit, alles überwuchert.

Wie lange hat das gedauert?

Vielleicht einige Jahrzehnte oder Jahrhunderte, wer weiß. Eine regelrechte Explosion, verglichen mit den Jahrmilliarden, die vorausgingen. Jede Zelle teilt sich in 2, dann in 4, dann in 8, 16, 32 Zellen usw. Sehr schnell kommt man zu astronomischen Größen. Jetzt kann nichts auf der Erde sie zerstören und ihre Vermehrung aufhalten. Heute würde jeder Versuch einer neuen Lebensform sogleich von den gegenwärtig lebenden Formen zunichte gemacht. Kaum geboren, hat das

Leben die Brücken hinter sich abgebrochen. Es hat, wenn man so will, die Erde angesteckt.

Kann man sagen, daß es eine »Logik« der Natur gibt, die sie dazu gebracht hat, die DNS zu finden und allgemein anzuwenden?

Nein. Die Natur »findet« nicht, sie verfolgt keine Absicht. Ihre Vorgehensweise ist die Elimination. Die DNS erlaubt eine beträchtliche Mannigfaltigkeit von lebenden Strukturen. Jene, die sich mit ihrer Hilfe reproduzieren konnten, haben sich zwangsläufig ausgebreitet. Deshalb hat die DNS sich durchgesetzt.

Falls Lebensformen auf anderen Planeten existieren sollten, würden sie also gleichfalls auf der DNS beruhen?

Wahrscheinlich. Die DNS ist Teil einer logischen chemischen Evolution des Universums.

Rot und Grün

Wie verläuft die Evolution der ersten Tropfen?

In einigen von ihnen werden durch die Auslese Fermentationsmechanismen entwickelt. Diese Gärungsprozesse setzen, wenn das Leben beginnt, erhebliche Mengen Methan und Kohlendioxid frei, die sich im Meerwasser lösen. Solche Systeme gibt es heute noch: Im Pansen von Wiederkäuern und in unserem Dickdarm sitzen Bakterien, die unter Sauerstoffabschluß fermentieren und dabei Methan, Gas und Substanzen produzieren, die wir zum Leben benötigen. Dieser Mechanismus ist jedoch nicht sehr effizient.

Es kommt zu zwei schönen Erfindungen: der Photosynthese und der Atmung. Die erste stützt sich auf das Chlorophyll, die zweite auf das Hämoglobin, zwei fast identische Moleküle, die wahrscheinlich aus demselben »Ur«-Molekül hervorgegangen sind. Es kommt zu einer Spaltung in zwei Gruppen: einerseits die Tropfen, die direkt Energie erzeugen, indem sie das Sonnenlicht, das in das Meer dringt, und das von den fermentierenden Systemen freigesetzte Kohlendioxid nutzen (das ist die Photosynthese), und andererseits jene, die die energiereichen Substanzen und den von den anderen ausgeschiedenen Sauerstoff absorbieren (das ist die Atmung) und sich fortbewegen müssen, um ihre Nahrung zu finden. Es ist die Scheidung in die künftigen Algen und die künftigen Bakterien, in das Pflanzenreich und das Tierreich.

Schon in einem so frühen Stadium?

Man nimmt es an. Der Stammbaum des Lebens hat sich sehr früh verzweigt, schon beim Auftreten der ersten Zellen. Die ältesten Fossilien von Mikroorganismen, die kürzlich in Australien entdeckt wurden, sind Überreste von 3,5 Milliarden Jahre alten photosynthetisierenden Bakterien.

Die Urspaltung

Die beiden Reiche trennen sich, bleiben aber aufeinander angewiesen.

Ja. Sie gehen eine Symbiose ein. Die photosynthetisierenden Zellen benutzen Kohlendioxid und Wasser und stellen daraus Sauerstoff und verschiedene Zucker her. Diese werden von anderen Zellen absorbiert, welche die Verbrennung der Zukker mit Hilfe des Sauerstoffs katalysieren und Kohlendioxid sowie Mineralsalze ausscheiden.

Das sind die ersten Mahlzeiten der Natur.

Genau. Gewisse Zellen »fressen« andere Zellen. Dadurch ändert sich die Umwelt. Die Photosynthese setzt Sauerstoff in großen Mengen frei, wodurch in der oberen Atmosphäre die berühmte Ozonschicht entsteht. Diese bildet ein Hindernis für die ultravioletten Strahlen und schafft einen Schutzschild für das Mikrobenleben.

Mittlerweile bezeichnet man die Tropfen als Zellen?

Richtig. Und im weiteren Verlauf ihrer Evolution erhalten diese primitiven Zellen einen Kern. Einer ganz neuen Theorie zufolge ist diese Etappe das Resultat einer sehr merkwürdigen Paarung: Die pflanzliche Zelle soll hervorgegangen sein aus einer Wirtszelle, die Hausbesetzer in sich aufgenommen hat – photosynthetisierende Algen, die sich in Chloroplasten verwandelt haben. Auf ähnliche Weise soll die tierische Zelle aus einer Wirtszelle entstanden sein, die einem anderen Typ von Hausbesetzern Gastrecht gab – Bakterien, die dann zu Mitochondrien wurden, winzigen Kraftwerken, die in allen entwickelten Zellen vorkommen.

Eine Form von Parasitismus?

Eher eine Symbiose. Diese Mikroorganismen sollen sich dann vervollkommnet haben, indem sie beispielsweise eine Geißel bekamen, mit der sie sich fortbewegen konnten. Neben den Algen und Bakterien breitet sich also eine andere Familie aus, die mit einem Kern versehenen Zellen, die beweglich sind und räuberisch leben; sie besitzen eine Öffnung in ihrer Membran, flimmernde Wimpern, die die Bakterien und Algen herbeistrudeln, und sie scheiden ihre Abbauprodukte aus.

Gab es andere mögliche Evolutionswege für diese Tropfen?

Zweifellos hat die Natur alle erdenklichen Formen der Reproduktion und des Stoffwechsels gekannt. Sie hat in alle Richtungen Knospen getrieben. Doch das Leben, wie wir es kennen, hat alle anderen Entwicklungen eliminiert. Man kennt noch eine andere Lebensform auf der Erde, die sehr selten in den Tiefen der Ozeane vorkommt, dort, wo aus dem irdischen Magma Schwefel austritt; es sind gewissermaßen unterseeische Oasen, in denen alles gelb und rot ist. Grün gibt es dort nicht, weil es kein Chlorophyll gibt. Die dort lebenden Bakterien werden von Mikrozellen gefressen, die von Mikrofischen gefressen werden, und diese wiederum von größeren Fischen …

Die Farben des Lebendigen

Die Natur geht in dieser Geschichte niemals rückwärts. Sie rast vorwärts, zum Komplexen hin. Besitzt sie vielleicht ein Gedächtnis?

Es gibt so etwas wie ein chemisches Gedächtnis, insofern, als ein Molekül zugleich eine Form und eine Information für die anderen Moleküle ist. Diese Formen sind komplementär, sie passen genau zueinander, sie haben Affinitäten, sie erkennen einander. Die molekulare Welt ist eine Welt der Zeichen, die Chemie ist ihre Sprache. Gewisse Moleküle leiten Energie weiter, andere sind zur Reproduktion bestimmt, wieder andere kapseln sich gegen das Wasser ab, und dann gibt es welche, die Elektronenwolken anziehen. Das tun beispielsweise die Pigmente. Wissen Sie, weshalb das Leben so bunt ist?

Nicht nur, weil es so hübsch ist, vermute ich.

Nicht nur. Ein Pigment ist ein Molekül, das sehr bewegliche Elektronen besitzt. Dadurch kann es die Lichtkörnchen, die Photonen, absorbieren, gewisse Spektralbereiche zurückwerfen und auf diese Weise die Materie einfärben. Dieses Merkmal erleichtert aber auch den Aufbau von Molekülketten, die am Aufbau des Lebendigen teilhaben. Die Pigmente organisieren eine subtile Chemie, die nicht viel Energie benötigt. Hämoglobin und Chlorophyll haben diese Eigenschaften, und deshalb haben sie am Aufbau des Lebendigen teil, deshalb ist das Blut rot, und deshalb sind die Blätter grün.

Die Schönheit als Zugabe ... Die konnte also nicht grau sein?

Vermutlich nicht. Weder ganz schwarz noch ganz weiß. Die Farbe ist eng mit dem Leben verbunden.

Die verkehrten Zufälle

Erneut hat die Zeit in diesem Teil der Geschichte eine fundamentale Rolle gespielt.

Ja. In manchen Evolutionsphasen verkürzt sie sich, in anderen dehnt sie sich. Ein sehr reaktionsfreudiges Molekül verdichtet die Raumzeit; es kann seine Umgebung erobern und in wenigen Augenblicken die anderen Moleküle unschädlich machen, die mehrere Jahrtausende benötigt haben, um sich zu entwickeln.

Ist nunmehr das Szenario von der frühen Erde bis zur ersten Zelle vollständig?

Die wichtigsten Etappen kennen wir, auch wenn es noch Lücken gibt; wir haben noch keine Klarheit darüber, wie sich beispielsweise die Reproduktionsmechanismen durchgesetzt haben. Einige Forscher bleiben bei der Ansicht, daß das Leben anderswo entstanden sein könnte und durch einen Meteoriten auf die Erde kam, der somit den Planeten kontaminiert hätte, was nicht vollkommen unsinnig ist.

Kann man diese Evolution im Labor durch Synthesen nachstellen und Leben im Reagenzglas herstellen?

Fast. Es gibt viele Wissenschaftler, die es tun möchten. Ein ganz junger Forschungszweig befaßt sich auf unterschiedlichen Wegen mit dem, was man »künstliches Leben« nennt. Man kann Moleküle synthetisieren, und man kann eine spontane Evolution im Reagenzglas herbeiführen, indem man darwinistische Auslesebedingungen schafft, um Moleküle herzustellen, die sich reproduzieren. Außerdem kann man durch Computersimulation einige Etappen überspringen. Man kann heute sogar Insektenroboter schaffen, die imstande sind, sich spontan an neue Situationen anzupassen, Treppen hinaufzusteigen, sich aufzurichten, wenn sie gefallen sind, die Wärme zu meiden und untereinander Signale auszutauschen. Einige Forscher wollen außerdem andere Lebensformen erzeugen, zum Beispiel auf Siliziumbasis.

Man kann sich nicht des Eindrucks erwehren, daß, wie in der Evolution des Universums, auch hier eine Art von Logik herrscht. Ist es, wie der Biologe François Jacob meinte, die Logik des Lebendigen?

Es handelt sich eher um eine Reihe von chemischen Reaktionen, die zu unumkehrbaren Situationen und zu neuen Eigenschaften führen. Dadurch kommt eine Geschichte zustande, an deren Ende wir uns befinden und die wir nachzeichnen. Wir finden sie einzigartig, weil sie unsere Geschichte ist.

Wie viele Zufälle trotzdem!

Das sind keine Zufälle. Nehmen wir doch einen Soldaten, der uns ein ungewöhnliches Kriegserlebnis erzählt. Er befand sich in einer Wohnung, auf das Haus fiel eine Bombe, er wurde durch ein Bett geschützt. Im Rahmen eines Kampfauftrags ist er mit dem Fallschirm abgesprungen, der ist ins Trudeln gekommen, aber unser Mann ist in einem Sumpf gelandet, der seinen Sturz abgefedert hat. Das Unerhörte an seiner Geschichte besteht ganz einfach darin, daß er noch da ist und sie uns erzählt. Es gibt Millionen von Soldatengeschichten, die tragisch enden, aber diese Soldaten sind natürlich nicht mehr da, um sie zu erzählen. So ist das Leben. Wenn wir den Eindruck haben, daß es auf einer Reihe von Zufällen beruht, dann liegt das daran, daß wir die Millionen von Wegen vergessen, die nicht zum Ziel führten. Unsere Geschichte ist die einzige, die wir rekonstruieren können. Deshalb erscheint sie uns so außergewöhnlich.

3. Szene:
DIE EXPLOSION DER ARTEN

Die Zellen, allzu lange einsam, finden zueinander.
Eine farbenfrohe Welt entfaltet sich:
Arten entstehen, vergehen, diversifizieren sich.
Das Leben wächst und vermehrt sich.

Der Zusammenhalt der Zellen

In diesem Stadium unserer Geschichte ist die Erde von Zellen bevöl-
kert, die friedlich in den Meeren leben und ewig so weiterleben könn-
ten ...

Doch irgendwann sind sie gezwungen, sich fortzuentwickeln.
Die ersten Zellen, die sich rasch vermehren, vergiften sich
selbst durch die Abbauprodukte, die sie in die Umgebung
ausspucken. Das Leben zeigt von Anfang an eine natürliche
Tendenz, Individuen zusammenzufassen. Zell-»Gesellschaften« haben Evolutionsvorteile, die auf der Hand liegen. Sie
sind besser geschützt, sie überleben besser als vereinzelte Zellen.

Wie kommen sie zustande?

Hier hilft uns das Verhalten einer noch heute lebenden Amö-
benart weiter, des Dyktosteliums. Die Amöbe lebt von Bakterien. Werden Nahrung und Wasser knapp, schüttet sie ein

Nothormon aus. Das lockt andere Amöben an, die sich zu einer Kolonie von annähernd tausend Individuen zusammenschließen, und diese Kolonie geht wie eine Schnecke auf Nahrungssuche. Findet sie keine, so erstarrt sie, treibt einen Stengel mit Sporen hervor und verharrt bei völliger Trockenheit unbegrenzt in diesem Zustand. Wird Wasser hinzugefügt, so keimen die Sporen, und es entstehen unabhängige Amöben, die ihre eigenen Wege gehen … Genauso verhalten sich die Volvox, kleine, mit Geißeln bewehrte Zellen: In einem nährstoffarmen Medium scheiden sie eine Art Gel aus, kleben sich aneinander und bewegen sich, die Geißeln nach außen gerichtet, als geschlossene Einheit auf koordinierte Weise in dieselbe Richtung.

Sind so die ersten vielzelligen Organismen entstanden?

Es ist zu vermuten, daß in den Anfängen des Lebens eine derartige Logik der Sozialisation wirksam war. Die ersten Zellverbände profitieren von einem Zentralrohr, einer Art Kanalisation, die die Abbauprodukte hinausbefördert. Andere haben eine Spindelform und sind vorn mit einem Koordinationssystem und hinten oder seitlich mit einem Antriebssystem ausgestattet. Auf diese Weise bleiben sie aneinander haften.

Wie sehen diese ersten Zellpakete aus?

Sie setzen sich aus einigen tausend Individuen zusammen und bilden kleine, durchsichtige gallertartige Massen; es sind die ersten marinen Organismen, Würmer, Schwämme, kleine primitive Quallen. Dieser Wandel vollzieht sich innerhalb von nur einigen hunderttausend Jahren. Die Evolution beschleunigt sich.

Die Arbeitsteilung

Diese neuen Verbindungen unterscheiden sich stark von den früheren.

Ja. Die Materie besteht aus Anhäufungen von Atomen, die im allgemeinen identisch miteinander sind. Im Reich des Lebendigen differenzieren sich die Zellen, die sich miteinander verbinden, entsprechend ihrer Stellung innerhalb der Struktur. Einige spezialisieren sich auf die Fortbewegung, andere auf die Verdauung, wieder andere auf die Energiespeicherung. Durch die Reproduktion übertragen diese Organismen diese Eigenschaften nach und nach auf ihre Nachkommen.

Läßt sich dieses Phänomen auch diesmal allein mit dem Überlebenskampf erklären?

Ja. Ein Organismus, der aus spezialisierten Zellen besteht, kann sich besser wehren als ein Verband aus identischen Zellen, weil er auf Aggressionen der Umwelt unterschiedlich reagieren kann, was ihm größere Überlebenschancen verleiht. Die monolithischen Systeme sterben am Ende immer aus.

Aber was treibt diese Zellen zum Zusammenschluß? Sie sagen sich ja nicht: »Das ist besser für mein Überleben«!

Natürlich nicht! Die Zellen wissen selbstverständlich nicht, daß es vorteilhaft für sie ist. Sie besitzen jedoch Haftmechanismen, die sie dazu einladen, sich mit ihresgleichen zu verbinden, sie tauschen Substanzen miteinander aus. Durch diese chemische Kommunikation und kleine Veränderungen ihrer Gene werden sie schließlich zu Spezialisten. So entsteht in dem Zellverband eine Topographie. Eine Qualle zum Beispiel besitzt ein Kontraktionssystem für die Fortbewegung und ein sensorisches System, das sie befähigt, auf die Nahrung zuzusteuern. Der Gesamtplan ist in jeder ihrer Zellen enthalten. Eine einzige genügt, um den Organismus wieder entstehen zu lassen.

Trotzdem haben die Zellen, die für sich geblieben sind, überlebt, und einige gibt es heute noch. Warum haben sie sich nicht wie die anderen zusammengeschlossen?

Weil sie gut an ihre Umwelt angepaßt waren. Das gilt für die Pantoffeltierchen und die Amöben; sie sind durch eine derbe Membran geschützt und mit flimmerfähigen Wimpern ausgestattet, mit denen sie sich leicht fortbewegen können; sie besitzen lichtempfindliche Flecken, die ihnen zeigen, wo es hell ist, und wirksame Enzyme, die jede erdenkliche Art von Beute verdauen. Ein Bakterium besitzt sogar eine Art Geruchsinn: Chemische Rezeptoren kommunizieren mit seiner Geißel und lenken es zu den nahrungsreichsten Milieus, ungefähr so, wie wenn man den Duft der Mahlzeit riecht.

Es lebe der Sex!

Wie geht die Evolution der mehrzelligen Organismen weiter?

Von den einfachsten mehrzelligen Lebewesen – den Algen, den Quallen, den Schwämmen – ausgehend, entwickelt sich der Stammbaum des Lebens in drei großen Ästen. Da sind zum einen die Pilze, die Farne, die Moose, die Blütenpflanzen; da sind zweitens die Würmer, die Weichtiere, die Krustentiere, die Spinnentiere, die Insekten; da sind drittens die Fische, die Reptilien, die Prochordaten, dann die Vögel, die Amphibien, die Säuger …

Und dann gibt es eine bedeutende Erfindung: die Sexualität. Bis dahin hatten sich die Zellen im wahren Sinne des Wortes identisch reproduziert. Mit der Sexualität erzeugen zwei Lebewesen ein drittes, das von ihnen verschieden ist. Welcher kleine Schlaumeier hat denn das erfunden?

Manche behaupten, die Sexualität sei aus dem Kannibalismus hervorgegangen: Die Zellen sollen, indem sie sich gegenseitig auffraßen, die Gene anderer Arten aufgenommen und sich dadurch miteinander vermischt haben. Das gibt es schon bei den Bakterien; als Plus und Minus bezeichnet, paaren sie sich und tauschen ihr Erbmaterial miteinander aus. Wenn die Organismen dann komplexer werden, statten sie sich mit Zellen aus, die auf die Reproduktion spezialisiert sind, den Keimzellen, die jeweils die Hälfte der Gene ihres Organismus enthalten. So verbreitet sich die Sexualität allgemein.

Und seitdem wird das Reich des Lebendigen immer vielfältiger.

Es ist eine wahre Revolution. Dank der Sexualität kann die Natur die Gene durchmischen. Die Vielfalt wächst explosionsartig. Das große Abenteuer der biologischen Evolution beginnt, mit unzähligen fehlgeschlagenen Versuchen und Wegen, die im Nichts enden, mit neuen Arten, die nicht überleben werden … Die Natur testet in wahrhaft großem Maßstab: Wenn die neuentwickelte Art sich nicht anpaßt, geht sie zugrunde.

Warum hat sich die Sexualität zu zweit durchgesetzt? Warum nicht zu dritt?

Die Genmischung setzt bei zwei DNS-Strängen einen Verdopplungsvorgang voraus. Die Durchmischung von Chromo-

somenpaaren in einem befruchteten Ei verlangt einen biologischen Apparat, der äußerst kompliziert ist. Noch komplizierter wäre er, wenn er drei Genbestände vermischen müßte. Sollten irgendwelche Arten eine Sexualität dieser Form
erfunden haben, so haben sie nicht überlebt.

Der notwendige Tod

*Es tritt noch ein entscheidendes Phänomen ein: Die Zeit wird in den
Organismus integriert, das heißt, er altert, und irgendwann verschwindet das Individuum, es stirbt. Hätte man auf den Tod wirklich
nicht verzichten können?*

Der Tod ist ebenso wichtig wie die Sexualität: Er bringt die
Atome, die Moleküle, die Mineralsalze, auf die die Natur angewiesen ist, um sich weiterzuentwickeln, wieder in Umlauf.
Der Tod setzt ein gigantisches Recycling der Atome in Gang,
deren Zahl seit dem Urknall konstant ist. Dank des Todes
kann das tierische Leben sich erneuern.

Hat es ihn schon bei den ersten Organismen gegeben?

Ja, auch die Quallen altern. In allen Lebewesen reproduzieren sich die Zellen fortgesetzt, aber sie besitzen einen chemischen Oszillator, so etwas wie eine eingebaute biologische
Uhr, die die Anzahl ihrer Reproduktionen auf 40 bis 50 be-
grenzt. In diesem Stadium angelangt, bringt sie ein in ihren
Genen programmierter Mechanismus zu einer Art Selbst-
mord. Sie sterben. Dieser Unausweichlichkeit entgehen allein
die Krebszellen: Sie reproduzieren sich unbegrenzt, ohne sich
zu spezialisieren oder zu differenzieren, wie es die embryona-
len Zellen tun.

Ihre Unsterblichkeit führt indessen zum Tod des Organismus, dem sie angehören ... Kann man sagen, daß der Tod eine Notwendigkeit des Lebens ist?

Unbedingt. Er ist eine Gesetzmäßigkeit des Lebendigen. Je öfter die Zellen sich teilen, desto öfter schleichen sich Fehler in ihre genetischen Botschaften ein, und mit der Zeit häufen sie sich. Am Ende kommen so viele Fehler zusammen, daß der Organismus verfällt und stirbt. Das ist unausweichlich. Für das Individuum ist der Tod sicherlich kein Geschenk, aber für die Art ist er ein Vorteil; er erlaubt ihr, ein optimales Leistungsniveau aufrechtzuerhalten.

Was konnte die Evolution noch an Fortschritten machen, nachdem Sexualität und Tod da waren?

Sich weiter vervollkommnen. So bringt das Reich des Lebendigen durch Auslese eine neue Art der Energieerzeugung hervor; es bereichert, indem es die in der Nahrung enthaltenen Zucker nutzt, seinen Stoffwechsel und entwickelt Muskeln, wodurch es ihm möglich wird, zu handeln, zu schwimmen, zu fliegen, zu laufen, die Welt zu erobern. Zugleich koordinieren die Sinnesorgane die Aktivitäten des Organismus. Es entstehen drei große Neuerungen: das Immunsystem, das vor Parasiten und Viren schützt, das Hormonsystem, das die Kontrolle der biologischen Rhythmen und der sexuellen Reproduktion erlaubt, und das Nervensystem, das die interne Kommunikation steuert.

Wann entsteht das letztere?

Die ersten Organismen, die Quallen, die Urfische müssen, um sich zu reproduzieren, ihre Zellen koordinieren. Sie verfügen deshalb über spezialisierte Kanäle, in denen die Information zirkuliert. Ein Wurm, der schließlich nur aus einigen tausend Zellen besteht, besitzt Nervenfasern, die in seinem Kopf in Ganglien zusammenlaufen. Im Laufe der Evolution verfeinert sich diese Anlage zu einem Netz von untereinander verknüpften Neuronen, die sich in einem Gehirn versammeln. Die drei Systeme – das Nerven-, das Hormon- und das Immunsystem – sind bereits da, als die Tiere das Wasser verlassen.

Das Geschenk der Tränen

Was bringt sie dazu, das Wasser zu verlassen?

In den Meeren wimmelt es von Arten. Es herrscht Konkurrenz. Da wird es vorteilhaft, sich auf das Festland zu wagen, um dort Nahrung zu suchen, zur Eiablage aber ins Meer zurückzukehren. Es war vermutlich ein bizarrer Fisch namens Ichtyostega, der als erster dieses Rezept ausprobierte. Er besitzt große Flossen, lebt in kleinen Lagunen und steckt von Zeit zu Zeit seine vorstehenden Augen aus dem Wasser, um nach kleinen Insekten zu spähen. Im Laufe der Generationen wagen sich die Nachkommen dieser Art immer länger aufs Festland, dank ihrer Kiemen, mit denen sie den Sauerstoff der Luft aufnehmen können, aber auch dank ihrer Tränen, weil sie ihre Augen feucht halten müssen, um an der Luft genauso gut zu sehen wie im Wasser. Durch fortgesetzte Auslese wird die Art immer besser: Die Flossen werden fester, es bildet sich ein Schwanz heraus. Ihre Nachfahren werden die Amphibien. Es gäbe uns nicht, wenn dieser Fisch keine Tränen gehabt hätte!

Fördert das Leben an der frischen Luft die Evolution?

Ja. Im Freien ist die Kommunikation unmittelbarer, schneller, einfacher. Die Nahrung wird leichter zugänglich. Doch der Sauerstoff ist ein Gift für das Leben; er läßt freie Radikale entstehen, aus dem Gleichgewicht geratene Moleküle, die Zellen zerstören und damit vorzeitiges Altern bewirken; zugleich ist er aber wichtig, um den Organismen Energie zu liefern und die Evolution voranzutreiben.

Auf welche Weise beschleunigen die Erfordernisse der neuen, terrestrischen Umgebung die Fortentwicklung der Organismen?

Das neuentwickelte Knochengerüst verleiht den Tieren genügend Festigkeit, um der Schwerkraft zu trotzen. Sie sind nicht mehr nur weiche Gallertmassen wie die Regenwürmer oder die Quallen, sondern können mit ihren Muskeln einen mechanischen Druck auf ihre Umgebung ausüben sowie das Gewicht der schützenden Fettschicht und des Gehirns tragen. Es entsteht eine wachsende Vielfalt auf allen Gebieten, beim Stoffwechsel, den Systemen der Fortbewegung usw. In dieser Zeit werden bei den Pflanzen Systeme selektiert, die mit den Blättern die Sonnenenergie einfangen und die Energie mit dem Saft transportieren.

Die Wahrnehmung der Pflanzen

Warum entwickeln die Pflanzen nicht all die wunderbaren Dinge, die von den Tieren erfunden wurden?

Abgesehen von den Algen, die sich an der Meeresoberfläche entwickeln, schlagen die Pflanzen dank ihrer Unbeweglichkeit einen sparsameren Weg ein, der es ihnen erlaubt, nicht allzu viel Energie zu verbrauchen. Ihre Lebensweise ist einfach: Sie besitzen Photozellen, um die Sonnenenergie direkt in chemische Energie umzuwandeln, und Wurzeln, um Mineralsalze und Wasser aufzunehmen ... Ihr besonderer Trick ist ein Reproduktionssystem, das beweglich ist und sich der verschiedensten Methoden bedient. Auch die Pflanzen haben also eine sehr vielfältige Sexualität geerbt, und sie haben sich hervorragend angepaßt. Man braucht nur einen Pilz am Fuß eines mehrere tausend Jahre alten Mammutbaums zu betrachten, um das sofort zu begreifen. Oder auch nur gewöhnliche Bergtannen.

Inwiefern sind sie das Ergebnis einer gelungenen Anpassung?

Im Wald brauchen sie, um sich zu entwickeln, eine bestimmte Temperatur. Wie die Gänseblümchen unseres imaginären Planeten fangen die dunklen und schwarzen Bäume stärker die schwache Sonnenstrahlung ein, erwärmen ihre unmittelbare Umgebung und schaffen ein Mikroklima, das ihr Wachstum fördert. Doch im Winter fällt Schnee auf sie, und sie werden weiß. Wenn das allzu lange anhielte, könnten sie diese günstigen Bedingungen nicht mehr sicherstellen. Da ihre Zweige aber abwärts geneigt und spitz zulaufen, kann sich der Schnee nicht so lange auf ihnen halten; sie bekommen wieder ihre Farbe und erwärmen sich rascher. Die Evolution hat jene Baumarten bewahrt, die den Unbilden der Witterung am besten standgehalten haben. Deshalb findet man Tannen in den Bergen ...

... und deshalb sind wir hingerissen von ihrer glänzenden Anpassung. Eine naive Frage: Warum haben nicht auch die Pflanzen ein Gehirn entwickelt?

Unbewegliche Lebewesen sind nicht auf komplexe Koordinierungsfunktionen angewiesen. Sie sind nicht wie die Tiere von der Notwendigkeit getrieben, zu flüchten, sich zu verteidigen, zu kämpfen. Allmählich entdeckt man jedoch auch bei den Pflanzen eine Art von Immunsystem, ein Kommunikationssystem und sogar eine Entsprechung des Nervensystems. Die Pflanzen besitzen ausgeklügelte Mechanismen, die sie vor Angreifern schützen; eine Art pflanzliches »Hormon« ermöglicht ihnen, ihre Abwehr zu mobilisieren. Außerdem weiß man, daß Bäume einander vor der Anwesenheit eines Angreifers »warnen«.

»Warnen«?

Ja. Wenn ein räuberisches Tier auftaucht, das von ihren unteren Zweigen fressen will, schütten bestimmte Baumarten flüchtige Substanzen aus, die, von Baum zu Baum transportiert, den Blättern durch eine Veränderung der Proteinerzeugung einen widerlichen Geschmack verleihen. Ich gehe jedoch nicht so weit, zu sagen, man solle mit seinen Zimmerpflanzen sprechen!

Kann man trotzdem behaupten, daß die Tiere in der Komplexität am weitesten gegangen sind?

Das Tierreich weist in den Methoden seiner Anpassung an die Umwelt ganz sicher eine größere Vielfalt auf als das Pflanzenreich: Es gibt laufende, grabende, schwimmende, fliegende, kriechende Tierarten. Tiere entwickeln unzählige raffinierte Konstruktionen, von den Druckknöpfen der Maikäfer bis zu den Tentakeln der Krake, sie erfinden Lockmittel, Kunstgriffe, Waffen: Klauen, Flügel, Schnäbel, Flossen, Panzer, Tentakel, Gift …

Die natürliche Ausschließung

Kann man sagen, daß »sie« erfinden?

Nein, sie erfinden nicht. Es ist die »Auslese«, welche die weniger angepaßten eliminiert. Nehmen wir zum Beispiel die breitschnäbligen Finken, die sich ausschließlich von Würmern ernähren, die in den Ritzen der Bäume sitzen. Sie sind dermaßen zahlreich und aktiv, daß sie schließlich sämtliche Würmer, die sich an der Oberfläche der Rinde befinden, vertilgen. Ohne Nahrung geht die Mehrheit der Art zugrunde. Doch einige von ihnen besitzen, dank einer Zufallsmutation, einen spitzen Schnabel, der länger ist als bei den anderen. Ihre Nachkommen können in tieferen Ritzen nach Würmern suchen und dem Mangel besser standhalten. Am Ende setzt sich diese Linie durch. Im Laufe der Generationen wird die Mehrheit der Art einen längeren Schnabel besitzen. Man kann also nicht sagen, die Finken hätten diesen Trick »erfunden« – sondern diejenigen, die nicht das Glück hatten, dank einer Mutation einen schmaleren Schnabel zu haben, sind ausgestorben.

Hinter der Evolution steckt also keine Intention.

Nein. Die Evolution probiert zur gleichen Zeit Tausende von Lösungen aus, von denen einige gelingen und andere nicht. Diejenigen, die das Überleben ermöglichen, bleiben naturgemäß erhalten.

Die Umwelt wirkt also nicht direkt auf die Evolution ein?

Nach heutiger Auffassung gibt es möglicherweise einen Einfluß auf das Verhalten der Zellen, über die Mitochondrien, die als Unterfabriken innerhalb der Zellen eigene genetische Pläne besitzen und sehr empfindlich auf Veränderungen reagieren. An die Nachkommen wird das jedoch nicht weitergegeben.

Das Prinzip der natürlichen Auslese bleibt also auch heute uneingeschränkt gültig?

Ja, sofern man nicht darunter versteht, daß eine allmächtige Umwelt entscheidet, was gut und was schlecht ist: Dies wird behalten, das wird verworfen. Nein, so ist es nicht. Man könnte eher von einer Ausschließung durch Wettbewerb sprechen. Die weniger angepaßten Arten werden im Laufe der Generationen ausgeschlossen. Um das recht zu verstehen, müssen wir von großen Zeiträumen ausgehen und uns eine sehr lange Kette aufeinanderfolgender Generationen vorstellen, die sich nur ganz allmählich ändern.

Die überwältigende Mehrheit der Lösungen, der von der Natur erfundenen Arten, stirbt aus. Gibt es nicht Momente, wo die Evolution anhalten möchte, wo das Reich des Lebendigen seine Stabilität finden kann, wie die Gänseblümchen unseres Planeten?

Nein, denn die Vielfalt ist von Beginn des Lebens an enorm. Es gibt, um das Bild von Hubert Reeves aufzugreifen, viel zu viele Buchstaben, als daß sie nur ein einziges Wort bilden könnten. Denkbar wäre, daß sich auf einem kleinen Asteroiden in einer Art Kompromiß oder Waffenstillstand der Evolution unter einigen schlichten Arten Stabilität hergestellt hat. Aber nicht auf der Erde mit ihrer Größe, ihrer Geologie, ihrer Biosphäre, ihrem Verhältnis zwischen dem Mineralischen und dem Organischen und ihrer sich ständig wandelnden Umwelt, die die Arten zwingt, ihre Anpassung zu modifizieren und sich weiterzuentwickeln.

Und das erstreckt sich gut und gerne über Hunderte von Jahrmillionen?

Ja. Millionen von aufeinanderfolgenden Generationen sind dieser Auslese unterworfen. Die sensorischen Apparate verfeinern sich, die Verhaltensweisen werden vielfältiger. Es gibt Arten, deren Individuen sich zusammentun und einen regelrechten Kollektivorganismus bilden. Ein Bienenstock zum

Beispiel hält seine Temperatur dadurch konstant, daß die Tiere mit ihren Flügeln fächeln; Hormone breiten sich dadurch aus, daß die Tiere einander berühren. Wenn die Bienen von der Nahrungssuche heimkehren, zeigen sie durch Tänze die nächstgelegenen Nahrungsquellen an. Auf diese Weise spart der Stock Energie; er optimiert seine Überlebenschancen. Bei den Ameisen ist es genauso: Sie füttern die Larven, helfen der Königin, teilen sich die Aufgaben, ungefähr so wie die Zellen des Volvox, und sichern das Gleichgewicht des Ameisenhaufens. Wenn man dreißig Prozent der Arbeiterinnen entfernt, paßt die Gesamtheit sich neu an und stellt das ursprüngliche Verhältnis wieder her.

Aber die Ameisen sind außerstande, sich selbständig zu verhalten ...

... und nicht imstande zu planen. Sie kommunizieren individuell durch Pheromone, aber auch kollektiv durch die Umgebung: Eine junge Ameise lernt die von ihren Artgenossen angelegten Netze und Wege. Das simultane Verhalten Tausender von Individuen führt zu einer Art kollektiver Intelligenz. Der Ameisenhaufen kann zum Beispiel den kürzesten Weg für das Heranschaffen von Nahrung bestimmen. Diese Art des Zusammenschlusses kann man als erfolgreich bezeichnen, denn die Ameisen gibt es seit Jahrmillionen. Wenn es zu einem weltweiten Atomkrieg käme, würden sie wahrscheinlich überleben, dank ihres Panzers, der sie strahlungsunempfindlich macht, und dank ihrer Organisationsform.

Das Pech der Dinosaurier

Eine Welt der Ameisen und der Bakterien ... eine nette Aussicht. Im Laufe der Geschichte wird deutlich, daß die Evolution des Lebens –

*genau wie die des Universums – chaotisch war, um es milde auszu-
drücken.*

Richtig. Sie hat sich ständig beschleunigt, aber es hat auch
Krisen gegeben, Zeiten des Stillstands und Phasen des Mas-
sensterbens. Vor zweihundert Millionen Jahren waren die Dinosaurier die Herren der Erde. Keiner Art war es so wie ihnen gelungen, alle Lebensbereiche zu erobern: Es gab kleine
und riesenhafte, Pflanzen- und Fleischfresser, laufende und
fliegende Saurier, Amphibien ... Eine enorme Vielfalt, durch
die sie ihrer Umwelt angepaßt waren.

*Und trotzdem starben sie aus. Das auf ihre Unangepaßtheit zurück-
zuführen ist also Unsinn?*

Völliger Unsinn. Vor fünfundsechzig Millionen Jahren, am
Ende des Jura, stürzt ein riesiger Meteorit von fünf Kilometern Durchmesser bei der Halbinsel Yucatan in den Golf von
Mexiko. Der Aufprall ist noch auf der anderen Seite des Globus zu spüren und löst ein erneutes Austreten von Magma
aus. Durch diese doppelte Katastrophe entsteht eine weltwei-
te Feuersbrunst, die Wälder stehen in Flammen, von ihnen
steigen Kohlendioxid und Rußwolken auf, welche die ganze
Erde einhüllen. Der Globus verfinstert sich, eine fürchterliche
Kälte setzt ein, und anschließend kommt es vermutlich zu einem Treibhauseffekt, der zur Wiedererwärmung führt.

Überleben nur wenige Arten?

So ist es. Unter ihnen sind die Lemuroiden, frühe Halbaffen,
die beweglich, anpassungsfähig sind und Greifhände haben.
Sie flüchten sich in Gebirgstäler und werden zu Vorläufern jener Linien, aus denen später die höheren Primaten
hervorgehen. Als Säugetiere sichern sie das Überleben ihrer

Nachkommen durch eine vorteilhafte neue Lösung: Im Körperinneren ist das Ei sehr viel besser geschützt als draußen. Denken Sie dagegen an die Amphibien, die Tausende von Eiern ablegen, die dann zerstreut, gefressen, vergeudet werden.

Die Auslese im Kopf

Ab wann kann man eigentlich von einem richtigen Gehirn sprechen?

Seit den Fischen und dann bei den übrigen Wirbeltieren, den Amphibien, den Reptilien, den Vögeln und beim Menschen hat das Gehirn sich unablässig schichtweise vervollkommnet. Fangen wir zum Beispiel beim Reptiliengehirn an, das die primitiven Überlebensinstinkte koordiniert, den Hunger, den Durst, den Sexualtrieb, die Furcht, dann die Lust, die zur Vereinigung anreizt, und den Schmerz, der davon nicht zu trennen ist. Auf einen Eindringling reagiert das primitive Gehirn, indem es den Organismus veranlaßt, ein Gift zu produzieren oder sich auf den Angreifer zu stürzen. Die zweite Schicht tritt bei den Vögeln auf: das Mittelhirn, das zu kollektiven Mechanismen führt wie der Brutpflege, dem Nestbau, der Nahrungssuche, der Teilung des Futters, dem Gesang, der Balz … Die dritte Schicht entsteht schließlich bei den Primaten und besonders beim Menschen: Die Großhirnrinde ermöglicht Abstraktion, Bewußtsein, Intelligenz.

Am erstaunlichsten ist die Allgegenwärtigkeit des Ausleseprinzips; überall findet man es, im Universum, in der Chemie der Moleküle, unter den Lebewesen und, wenn man dem Neurobiologen Jean-Pierre Changeux folgt, auch im sich entwickelnden Gehirn des Neugeborenen.

Tatsächlich unterliegt auch die Entwicklung des Nervensystems dem Darwinschen Ausleseprinzip. Wenn ein Tier heranwächst, sorgt ein von den Genen vorgegebener Plan für die Vernetzung der Neuronen. Die Verbindung zwischen zwei Neuronen bleibt aber nur erhalten, wenn diese von einer Schaltung in Anspruch genommen, wenn sie von der Umwelt angeregt werden. Bei einem Neugeborenen, das man permanent im Dunkeln hält, kommt es nicht zur Anbahnung der visuellen Neuronen. Es herrscht also eine Auslese, die nur diejenigen Schaltungen aufrechterhält, die für das Individuum von Bedeutung sind. Lernen heißt eliminieren.

Nach Ansicht des Anthropologen Stephen J. Gould beeinflußt jedes noch so unbedeutende Ereignis den Gang der Geschichte. Wie in Frank Capras Film »Ist das Leben nicht schön?« braucht sich nur eine Winzigkeit zu ändern, damit in einer Kaskade von Folgen alles anders wird. Wenn Pikala, ein Wurm am Beginn unserer Abstammungslinie, nicht erschienen wäre oder wenn die Saurier überlebt hätten, gäbe es uns nicht. Er meint deshalb, daß es in der Evolution keinen Sinn gibt. Sie erhält nicht die am besten Angepaßten, sondern diejenigen, die am meisten Glück hatten. Mag das Leben noch einige Wahrscheinlichkeit für sich gehabt haben, so hat der Mensch verdammt Schwein gehabt.

Wenn die Lemuroiden nicht überlebt hätten, wenn sie nicht imstande gewesen wären, sich in dem Moment, als die Dinosaurier ausstarben, in ihren Verstecken von Beeren zu ernähren, dann gäbe es uns nicht. Hinter dieser Geschichte steckt keine verborgene Absicht. Das Ergebnis ist aber, daß die Komplexität zunimmt. Falls es Planeten gibt, die sich unter denselben Bedingungen entwickelt haben wie die Erde, ist es nicht unwahrscheinlich, daß dort Lebewesen existieren und daß sie sich von uns nicht stärker unterscheiden als ein Straußenvogel von einem Krokodil: vier Gliedmaßen, zwei

Augen, ein Gehirn, Systeme der Fortbewegung. Und es spricht vieles dafür, daß sie sich ungefähr im selben Evolutionsstadium befinden wie wir … Man kann nicht sagen, daß es ein Gesetz gibt, das zur Komplexität treibt. Tatsache ist aber, daß etwas sich organisiert, das zu einer immer größeren, immer stärker entmaterialisierten Intelligenz führt. Aber vielleicht ist die Geschichte der Evolution nur die Erfindung eines Bewußtseins, das sich seiner selbst bewußt wird.

Die Erinnerung an die Ursprünge

Nur das menschliche Gehirn stellt sich Fragen nach sich selbst … Ist es das, was es von den anderen unterscheidet?

Nicht nur. Es ist imstande, Funktionen nach außen zu verlagern. Das Werkzeug ist eine Verlängerung der Hand. Der Mensch kann jetzt alles, was die anderen Tiere tun: mit einem Auto so schnell laufen wie eine Gazelle, mit einem Drachenflieger segeln wie ein Adler, sich unter Wasser bewegen wie ein Delphin, sich unterirdisch vorarbeiten wie ein Maulwurf … Eine Maske, eine Brille, ein Fallschirm, Flügel, Räder … Auch seine sensorischen Funktionen hat er erweitert durch die Schrift, in der er das Wort festhalten und den Gedanken in Raum und Zeit weitergeben kann. Dies ist es, was das menschliche Gehirn auszeichnet: Es ist weder bloß eine weiche Masse von Neuronen, noch ist es eine Telefonzentrale, in der alle Schaltungen des Körpers zusammenlaufen, und es ist auch kein Computer. Es hat vielmehr darüber hinaus Verbindungen nach außen, mit anderen menschlichen Gehirnen auf der ganzen Erde. Es ist ein kaum zu fassendes, sich ständig umorganisierendes Netz, das seine Neuronen im Handeln und im Denken neu konfiguriert.

Man kann an dieser ganzen Entwicklung beobachten, daß Komplexität sich dadurch entwickelt, daß einfache Dinge sich verbinden: Zwei Quarks am Anfang des Universums, vier symmetrische Atome für den Kohlenstoff, nur vier Basen für die Gene, zwei ähnliche Moleküle, um das Tier- und das Pflanzenreich zu begründen, zwei Individuen für die Sexualität ... So als fände die Natur auf jeder Stufe den einfachsten Weg, um voranzuschreiten.

Gewissermaßen schon ... Komplexität heißt nicht Komplikation. Es ist eine Wiederholung von einfachen Elementen, die sich reproduzieren und vermehren. Man kann dieses Phänomen heute auf dem Computerbildschirm simulieren: Von einer elementaren Form ausgehend, bilden sich verwickelte Muster, denen man den hübschen Namen »fraktale Formen« gegeben hat; sie erinnern an Schmetterlingsflügel, Schwänze von Seepferdchen, Berge, Wolken. So ist das Leben, repetitiv. Das Atom ist im Molekül enthalten, das in der Zelle enthalten ist, die im Organismus enthalten ist, der in der Gesellschaft enthalten ist ...

Wir tragen also die Spuren dieser Einschachtelungen in uns.

Ganz richtig. Unser Gehirn bewahrt mit seinen drei Schichten die Erinnerung an die Evolution. Unsere Gene ebenfalls. Und die chemische Zusammensetzung unserer Zellen ist ein kleines Stück vom Urmeer. Wir haben das Medium, aus dem wir hervorgegangen sind, in uns bewahrt. Unser Körper erzählt die Geschichte unserer Ursprünge.

DRITTER AKT

DER MENSCH

1. Szene:
DIE AFRIKANISCHE WIEGE

Schlaue Äffchen werden in einer Blütenwelt geboren.
Um sich der Dürre zu erwehren, richten ihre Nachfahren
sich auf und entdecken ein neues Universum.

Ein nicht sehr ansehnlicher Urahn

»Wenn es stimmt, daß der Mensch vom Affen abstammt, müssen wir dafür beten, daß sich das nicht herumspricht!« rief eine vornehme englische Dame 1860 aus, als sie die Evolutionslehre eines gewissen Charles Darwin entdeckte. Heute sieht es ganz danach aus, daß ihre Gebete nicht erhört wurden: »Das« hat sich herumgesprochen.

YVES COPPENS: Nicht völlig. Wissen Sie, wir haben immer Schwierigkeiten gehabt, diese Verwandtschaft anzuerkennen. Der tierische Ursprung des Menschen steht dermaßen im Widerspruch zu philosophischen oder religiösen Überzeugungen, daß er noch immer auf starke Reserven stößt … Meine Großmutter mütterlicherseits, die aus einer alten bretonischen Familie stammte, sagte eines Tages ganz ernsthaft zu mir: »Du stammst vielleicht vom Affen ab, aber ich nicht!« Bei vielen herrscht in der Beziehung noch unglaubliche Verwirrung. Wenn man behauptet, daß wir vom Affen abstammen, glauben manche, wir wollten vom Schimpansen sprechen!

Der Mensch stammt nicht vom Affen ab, sondern von einem Affen, nicht wahr?

Genau. Er ist hervorgegangen aus einer Art, die der gemeinsame Urahn beider Linien war, der höheren Affen Afrikas einerseits und der Prähominiden und später der Menschen andererseits. Der Mensch ist also nur unter dem Gesichtspunkt seiner »Einordnung« in der Klassifikation der Tierarten ein Affe im weiten Sinne des Wortes; seine Besonderheit aber besteht gerade darin, daß er es geschafft hat, diesen beschränkten Zustand zu überwinden. Wir können jedoch – Joël de Rosnay hat daran erinnert – unsere Herkunft nicht ignorieren: Wir tragen sie in unserem Körper.

Offenbar haben selbst die Wissenschaftler Schwierigkeiten gehabt, das anzuerkennen.

Von ihrem allerersten Fund haben sie sich nie wirklich erholt. Das alte christliche Europa hatte die Idee, sich mit den Ursprüngen der Menschheit zu befassen, und so hat man, zuerst in Belgien und dann in Deutschland, die ersten Entdeckungen gemacht. Das war ein Schock! Man hatte erwartet, einen vorzeigbaren Urahn zu finden, denn war der Mensch nicht nach dem Bilde Gottes geschaffen worden? Nun aber stand man vor den Fossilien eines Individuums, das, wie man erst später erkannte, eine Ausnahme war.

Wer war das?

Der Neandertaler. Man entdeckte ein »häßliches« Wesen mit einer flachen Stirn, einem vorspringenden Gesicht und überentwickelten Augenbrauenbögen. Hervorragende Gelehrte haben diesen armen Teufel seinerzeit unablässig geschmäht. Die einen behaupteten, er sei bloß ein arthritisches und behaartes Individuum. Andere meinten, er habe bloß einen einzigen Laut hervorbringen können: »Ugh!« Es hat dann viele Jahre gedauert, bis er in unsere Familie aufgenommen wurde, allerdings nur als ein entfernter Verwandter.

Die Technik des kleinen Däumlings

Wenn Sie einen Vorfahren »entdecken«, handelt es sich in Wirklichkeit um ein paar Gebeine, Bruchstücke eines Kieferknochens und oft bloß um ein paar Zähne. Wie läßt sich aus so wenigen Elementen ein ganzes Skelett rekonstruieren?

Die ersten entdeckten Überreste – tatsächlich oft nur Zähne – genügen, um von ihrer Morphologie und ihrer Bedeutung für die Ernährung auf den übrigen Körper zu schließen. Dank der von Cuvier gefundenen Korrelationsgesetze der vergleichenden Anatomie weiß man, daß ein bestimmter Zahn in den und den Kiefertyp gehört, daß ein solcher Kiefer dem und dem Schädeltyp entspricht, daß ein solcher Schädel auf dem und dem Typ von Wirbelsäule steckt, daß eine solche Wirbelsäule mit dem und dem Skelett-Typ einhergeht, daß ein solches Skelett den und den Typ von Muskulatur trägt usw. Durch solche Deduktionen gelingt es, vom Zahn auf das Tier zu schließen.

Und Sie gehen so weit, daraus auf seine Entwicklung, ja sogar auf sein Verhalten zu schließen?

Ja. Wenn man zum Beispiel unter dem Elektronenmikroskop den Schmelz eines Zahns untersucht, sieht man winzige, mit bloßem Auge nicht erkennbare Riefen, die auf die Art und Weise zurückgehen, wie das Individuum sich entwickelt hat, und Hinweise auf das Wachstum des Individuums geben. Wenn man außerdem einen krummen Oberschenkelknochen findet, der mit dem Kniegelenk nicht fest verbunden ist, kann man aus diesen Beobachtungen auf eine zweibeinige Fortbewegung und zugleich auf ein Leben auf den Bäumen schließen. Aber natürlich ist die Rekonstruktion um so genauer, je mehr Elemente man zur Verfügung hat.

Haben die Wissenschaftler, die seit den ersten Forschungen im vorigen Jahrhundert wie der kleine Däumling all diesen Knochenstücken gefolgt sind, die gesamte Entwicklung des Menschen rekonstruieren können?

Das Merkwürdige ist, daß die Fossilien in der umgekehrten Reihenfolge ihres Alters gefunden wurden: zuerst die modernen Menschen, dann ihre Vorfahren, so daß es möglich war, sie zu erkennen und leichter zu akzeptieren. Zunächst mußte man sich mit der Idee abfinden, daß der Mensch sehr viel älter ist, als man glaubte.

Zusammen mit den Blumen aufgetaucht

Auf welches Datum legt man denn heute seinen Ursprung fest?

Eigentlich kann man einen »Ursprung« des Menschen genausowenig bestimmen wie einen »Ursprung« des Universums. Eine richtige Definition des Menschlichen übrigens auch nicht. Was man feststellen kann, ist eine langwierige Evolution, eine zoologische Abstammung, in deren Verlauf die einzelnen Merkmale auftauchen.

Sind wenigstens die wichtigsten Etappen bekannt?

117

Ja. Wir müssen ans Ende der Kreidezeit zurückgehen. Vor siebzig Millionen Jahren bricht das Tertiär an, die letzten Dinosaurier sterben aus. In der Umwelt vollziehen sich tiefgreifende Veränderungen, und die Geschichte der Evolution ist bekanntlich eng mit der Klimageschichte verknüpft. Afrika ist damals eine Insel, genau wie Südamerika und Asien. Auf einem Kontinent, der Europa, Nordamerika und Grönland umfaßt, tauchen kleine Tiere auf: die ersten Affen, die von Insektenfressern abstammen. Allmählich breiten sie sich inmitten einer gänzlich neuartigen Flora aus, nämlich den ersten Blütenpflanzen.

Zusammen mit den ersten Blumen geboren! Eine schöne Vorstellung …

Es ist also auch die Zeit der ersten Früchte. Die Affen, die dieses neue Milieu erobern, sind tatsächlich die ersten, die von ihnen zehren. Sie brechen mit den Gewohnheiten ihrer Vorfahren, die sich von Insekten ernährten. Im Laufe der Generationen zieht das verschiedene anatomische Veränderungen nach sich: So stattet sich ihr Körper zum Beispiel mit einem Schlüsselbein aus – eine hübschen Erfindung.

Warum?

Es erweitert den Brustkorb des Tieres, vergrößert die Griffweite seiner oberen Gliedmaßen und erlaubt ihm, wenn es ans Pflücken geht, den Stamm des Baumes zu umfassen und ihn besser zu erklimmen. Aus demselben Grund werden die Krallen, die beim Klettern stören, zu flachen Nägeln. An der Pfote nimmt einer der Finger eine Position gegenüber den anderen ein, so daß es möglich wird, mit den so veränderten Gliedmaßen eine Frucht, einen Stein oder ein Stück Holz zu ergreifen.

Die Gruppe des Fegefeuers

Wer sind diese reizenden Tiere?

Den ältesten Primaten, den wir kennen, hat man *Purgatorius* getauft, weil die Forscher, die ihn in den Rocky Mountains Nordamerikas entdeckten, an einem schwierigen Ausgrabungsort arbeiteten, in einem regelrechten Fegefeuer ... Er ist nicht größer als eine Ratte, lebt auf den Bäumen und ernährt sich von Früchten, verschmäht aber auch Insekten nicht.

Und das ist einer unserer Vorfahren?

Natürlich nicht in direkter Linie. Diese Primaten besiedeln anschließend Eurasien und später die aus Afrika und Arabien bestehende Insel, die von dichtem Tropenwald bedeckt ist. Dort tauchen dann, vor 35 Millionen Jahren, die ersten wirklichen gemeinsamen Vorfahren des Menschen und der großen Affen auf, die höheren Primaten. Diese großen Affen sind in Afrika isoliert, was dafür spricht, daß es nur einen einzigen Entstehungsort für die Abstammungslinie des Menschen gibt. Damals scheint eine erste Dürreperiode eingetreten zu sein, was zur Auslese und Anpassung neuer Arten führte.

Welche sind das?

Im Becken des Faijum (der Gegend südlich des heutigen Kairo) und in Oman lebte ein kleiner vierfüßiger Affe, den man Aegyptopithecus getauft hat, weil er zuerst in Ägypten entdeckt wurde. Er hatte die Größe einer Katze, einen langen Schwanz sowie eine große Schnauze und zeichnete sich durch eine gewisse, wenn auch geringfügige Entwicklung des Stirnhirns aus: Sein Gehirnvolumen betrug 40 Kubikzentimeter (während wir heute über 1 400 verfügen), was sehr bescheiden ist, ihm aber erlaubte, eine gewisse Reaktionsbreite an den Tag zu legen.

Was ist darunter zu verstehen?

Er zeigte dank der Entwicklung seines Zentralnervensystems neue Fähigkeiten. Namentlich entwickelte sich das Sehvermögen und übertraf den Geruchssinn: Er vermochte plastisch zu sehen, und das war eine hervorragende Anpassung an ein Leben auf den Bäumen. Gleichzeitig versuchten sich diese kleinen Primaten in sozialen Verhaltensweisen: Sie kommunizierten durch Mimik.

Woher wissen Sie das?

Wir können natürlich nicht einen kleinen *Purgatorius* beobachten, da die Art seit langem ausgestorben ist, aber die Lemuroiden, die heute in Afrika leben, oder die Tarsier, die in Asien leben, liefern uns in einigen Punkten wertvolle Anhaltspunkte zum Vergleich. Sie haben ein entwickeltes Sozialleben. In die gleiche Richtung weisen Beobachtungen an fossilen Schädeln von *Purgatorius* und besonders am Endokranium, von dem man Abgußformen nehmen kann. Aus den Abmessungen gewisser Hirnpartien kann man schließen, daß sie bereits sehr gesellig waren.

Lebten sie in Familienverbänden?

Der amerikanische Forscher Elwyn Simons, der sie entdeckt hat, wies mich darauf hin, daß zwei der am selben Ort gefundenen Schädel sich beträchtlich unterscheiden. Einer wird dem Männchen, der andere dem Weibchen zugeschrieben. Sie lebten demnach in Gruppen und entwickelten darum bereits eine gewisse Form von Kommunikation und geistiger Rührigkeit. Das ist einfach, nicht wahr?

Auf jeden Fall kühn. Was passiert anschließend?

Der von ihnen abstammende Proconsul lebt im Wald weiter südlich und besitzt ein größeres Gehirnvolumen (150 Kubikzentimeter). Genaugenommen gibt es mehrere Arten; die größten haben die Größe eines kleinen Schimpansen. Der Proconsul wird dann Zeuge einer bedeutenden geographischen Veränderung; vor siebzehn Millionen Jahren vereinigt sich die afrikanisch-arabische Kontinentalplatte mit der euroasiatischen. Die afrikanischen Affen, der Proconsul und seine Nachfahren, benutzen diese Brücke und breiten sich in Europa und Asien aus. Einige von ihnen entwickeln sich weiter, und aus ihnen geht ein neues Bündel von Arten hervor, namentlich der Kenyapithecus in Kenya, aber auch der Dryopithecus (»Affe der Eichen«) in Europa und dann ein wenig später in Asien der Ramapithecus. Eine Zeitlang glaubte man, er gehöre zu unserer Familie, aber das war ein Irrtum.

Vom Ast gefallen

In den Illustrationen der Schulbücher sah man ihn noch vor gar nicht langer Zeit ganz ausgelassen am Schluß unserer Ahnenkette herumhüpfen. Ist er dort jetzt definitiv herausgefallen?

Ja. Unseren Meinungswandel haben die Biologen herbeigeführt. Sie haben mit modernsten Techniken die Antikörper getestet, die an Zahnfragmenten von Ramapithecus gefunden wurden, und entdeckt, daß er nicht mit dem Menschen, sondern mit dem Orang-Utan eng verwandt ist. Mit derselben

Methode, auf die Zähne des Australopithecus angewandt, fand man, daß dieser dem Menschen sehr nahe steht. Die Biologen haben übrigens auch festgestellt, daß der Mensch und der Schimpanse genetisch sehr eng verwandt sind: 99 Prozent unserer Gene sind beiden Arten gemeinsam.

Und das eine Prozent macht den Menschen aus?

Ja. Und dann wurde zur Bestätigung all dessen in Pakistan das Gesicht eines Ramapithecus gefunden, das morphologisch ebenfalls dem des Orang-Utan sehr ähnlich ist. Die Sache ist also entschieden: Ramapithecus ist nicht unser Vorfahr, sondern der des Orang-Utan.

Setzt man, nachdem Ramapithecus von unserem Ast heruntergefallen ist, immer noch die Suche nach dem »missing link«, dem fehlenden Glied zwischen dem Menschen und dem Affen fort?

Der Ausdruck ist irreführend, weil er ein Zwischenglied zwischen dem heutigen Menschen und dem heutigen Affen unterstellt. Gesucht wird der gemeinsame Vorfahr der Menschen und der großen afrikanischen Affen, die Gabelung zwischen den Ästen, von denen der eine zu den Schimpansen und Gorillas und der andere zu den verschiedenen Arten des Australopithecus und dann zu den Menschen führt. Alles hängt davon ab, wann diese Verzweigung stattgefunden hat.

Welches Datum wird heute allgemein angenommen?

Die Biologen sprachen von fünf Millionen Jahren, die Paläontologen sogar von fünfzehn. Wir haben uns auf sieben Millionen Jahre geeinigt. Davon gehen heute alle mehr oder weniger aus. Indem wir Ramapithecus als Vorfahr aufgaben, haben wir das Datum des großen Bruchs vorgerückt und den Orang-Utan von unserem Ast heruntergeworfen; aus der sehr engen genetischen Verwandtschaft von Schimpanse und Mensch folgt logisch, daß sie einen gemeinsamen Vorfahren hatten. Damit haben wir die Idee eines asiatischen Ursprungs des Menschen fallengelassen. Die Vorfahren des Menschen stammen also eindeutig von den Nachfahren der in Afrika gebliebenen großen Affen ab.

Die frühe Savanne

Warum hat man sich schließlich Afrika zugewandt?

Der Gedanke, Afrika könne die Wiege der Menschheit sein, war von Darwin und dann von Teilhard de Chardin geäußert worden. Nachdem er sein Leben lang in Europa und dann in Asien gearbeitet hatte, sagte Teilhard, kurz vor seinem Tod von einer Afrikareise zurückgekehrt: »Natürlich muß man dort unten suchen, wir waren blöde, daß wir nicht früher daran gedacht haben!« Diese Vorahnung wurde 1959 bestätigt, als Louis Leakey in Tansania einen kompletten Schädel entdeckte. Nachdem durch Messung des natürlichen Zerfalls bestimmter instabiler Isotope sein Alter berechnet wurde, war man schockiert: 1,75 Millionen Jahre. Anfangs hat das niemand anerkennen wollen.

War das immer noch die Arroganz, die nicht wahrhaben will, daß der Mensch so alt ist?

Ja. Die meisten Vorfahren des Menschen waren seinerzeit bekannt, aber man wußte ihr Alter und ihre Stellung in der Entwicklungslinie nicht genau zu bestimmen (der erste Australopithecus war 1924 entdeckt worden, galt aber lange als ein

»Verwandter des Schimpansen«). Das Auftreten des ersten menschlichen Vorfahren setzte man relativ spät an, allerhöchstens 800 000 Jahre vor der Gegenwart. Mit den neuen Datierungsverfahren durch Radioisotope und aufgrund der Fülle der anschließend entdeckten Fossilien mußte man ihn dann notgedrungen älter machen.

Alle Blicke richteten sich also auf Afrika.

Ja. Jahr für Jahr gingen internationale Expeditionen nach Kenya, Tansania und Äthiopien zu den heute berühmten Fundstellen, zum Turkanasee, in die Schlucht von Olduvai, ins Tal von Omo … Ich habe einmal nachgerechnet: Insgesamt müssen wir 250 000 Fossilien zusammengetragen haben, darunter 2 000 Gebeine von Menschen und Vorläufern des Menschen, die überwiegend zwei bis drei Millionen Jahre alt sind. Dank dieser ansehnlichen Ausbeute haben wir unsere Genealogie rekonstruieren können.

Kann es also als sicher gelten, daß der Mensch in Afrika geboren wurde?

Die Wissenschaft kann nie »sicher« sein. Doch sämtliche Entdeckungen laufen auf diese Schlußfolgerung hinaus. Man braucht nur die Orte zu überfliegen, an denen wir Fossilien gefunden haben, die anerkanntermaßen von Vorfahren des Menschen stammen. Sieben Millionen Jahre alte Fossilien sind ausschließlich in Kenya gefunden worden. Die sechs und fünf Millionen Jahre alten ebenfalls. Die vier Millionen Jahre alten fand man in Kenya, Tansania und Äthiopien. Die drei Millionen Jahre alten fand man in Kenya, Äthiopien, Tansania, Südafrika und dem Tschad. Die zwei Millionen Jahre alten fand man in denselben Regionen und dazu einige behauene Steine in Europa und Asien. Die eine Million Jahre alten

124

findet man in ganz Afrika, in Asien, in Europa. Später kommen Australien und Amerika hinzu. Wenn Sie all diese Karten chronologisch anordnen und in Überblendungen an sich vorbeiziehen lassen, entdecken Sie die Geschichte der Besiedlung unseres Planeten durch den Menschen, und Sie kommen nicht an der Feststellung vorbei, daß der Mensch von einem begrenzten afrikanischen Ursprungsort ausgegangen ist, sich langsam in Afrika und dann in der ganzen Welt verbreitet, bis er schließlich in der Gegenwart einen kleinen Abstecher ins Sonnensystem macht.

Der nicht zu fassende Großvater

Die Sache spielte sich also in Afrika vor rund sieben Millionen Jahren ab. Damit haben wir eine Angabe von Ort und Zeit. Kennt man inzwischen die Person, die sich auf diesem urzeitlichen Schauplatz entwickelt, unseren allerersten Großvater?

Genau läßt er sich kaum ausmachen. Seit zwanzig Jahren hat man bei jedem neuen Fossilienfund aus dieser Zeit geglaubt, den Urahn gefunden zu haben. Sivapithecus, Kenyapithecus, Uranopithecus, Gigantopithecus und diverse Oreopithecinen oder Otavipithecinen – alle Arten, die man entdeckte, sind der Reihe nach in diese Rolle geschlüpft. Einer von ihnen ist der gemeinsame Vorfahr der Affen und der Menschen.

Na gut, aber welcher?

Wir wissen es nicht. Der, ebenfalls von Louis Leakey entdeckte, Kenyapithecus (fünfzehn Millionen Jahre alt) ist, wenn er nicht der gemeinsame Vorfahr ist, zumindest einer seiner Vettern. Sein Schädel zeigt Anhaltspunkte einer Anpassung an die Savanne: Die Eckzähne sind verkürzt, die Backenzähne verbreitert, der Schmelz ist dichter und in unterschiedlichem Maße abgenutzt, was darauf hindeutet, daß die Zeit der Kindheit sich verlängert hatte.

Moment! Wieso kann man aus dem Zahnschmelz Erkenntnisse über die Kindheit des Individuums gewinnen?

Die unterschiedliche Abnutzung des Schmelzes der aufeinanderfolgenden Zähne zeigt, daß der Durchbruch der Zähne sich über eine längere Zeit erstreckt hat. Wenn die Zähne später kommen, tritt auch das Erwachsenenalter später ein, und das bedeutet, daß das Kind länger von seiner Mutter betreut wird. Der Beweis: Wir sind beim Zahnen dreimal so alt wie die Schimpansen. Die Zeit der Betreuung ist zugleich die Zeit der Erziehung, des Lernens. Je länger die Kindheit, desto »gebildeter« ist die Art. Beim Kenyapithecus wurde also eine solche Evolution festgestellt.

Was weiß man noch über dieses interessante Tier?

Er ist ein großer Affe, ein auf den Bäumen lebender Vierbeiner, dessen obere Gliedmaßen feste Gelenke aufweisen und der sich von Zeit zu Zeit auf seinen Hinterbeinen aufrichtet. Sein Gehirn ist größer als das seiner Vorfahren (300 Kubikzentimeter), die Schnauze ist ein wenig kürzer, und er hat natürlich seit langem keinen Schwanz mehr. Er lebt abwechselnd in der Savanne und im Wald. Er frißt nicht nur Früchte, sondern auch Knollen, Wurzelstöcke, worauf dickerer Zahnschmelz hinweist, den er braucht, weil durch den Verzehr von Wurzeln die Zähne stärker abgenutzt werden als durch Früchte. Und er lebt auf jeden Fall gesellig.

Die segensreichen Folgen der Dürre

Was ist dann passiert?

Dieser Vorfahr lebt also schon lange in dem dichten Wald, der ganz Afrika bedeckt, als vor sieben Millionen Jahren ein großes geologisches Ereignis eintritt: Der ostafrikanische Graben stürzt ein, an manchen Stellen heben sich die Ränder, so daß nach und nach eine regelrechte Mauer entsteht. Es ist eine riesige Senke, die sich durch ganz Ostafrika zieht, bis zum Roten Meer, weiter durchs Jordantal bis ans Mittelmeer: 6 000 Kilometer lang und im Tanganjikasee über 4 000 Meter tief. Ein amerikanischer Astronaut erzählte mir, daß diese die Erde durchziehende Narbe sogar vom Mond aus zu sehen sei. Beeindruckend, nicht wahr?

In der Tat. Welche Folgen hat diese Absenkung?

Das Klima gerät durcheinander. Der Westen wird weiterhin beregnet, aber der hinter dieser Mauer (dem Ruwenzori) gelegene Osten immer weniger. Hier geht der Wald zurück, die Flora verändert sich, wie die Paläobotaniker bestätigen. Auf der Insel Réunion kann man heute im verkleinerten Maßstab ein ähnliches Phänomen beobachten: Zwischen dem Osten und dem Westen erhebt sich eine Hügelkette; auf der einen Seite regnet es häufiger, auf der anderen ist es trocken. Es werden jeweils ganz unterschiedliche Früchte angebaut.

Unsere Vorfahren werden demnach in zwei Populationen aufgespalten.

Richtig. Diejenigen, die sich westlich der Bruchlinie befinden, leben weiterhin auf den Bäumen, aber diejenigen, die im Osten isoliert sind, finden sich mit der Savanne und später mit der Steppe konfrontiert. Diese Zweiteilung der Umwelt rief im Laufe der Generationen zwei unterschiedliche Entwicklungen hervor: Im Westen entstanden die heutigen Affen, die Gorillas und Schimpansen, im Osten die Prähominiden und dann die Menschen.

Worauf stützen Sie diese Hypothese?

Die 2 000 Überreste von Menschen und Prähominiden, die im Laufe der Jahre zusammengetragen wurden, sind allesamt östlich des Grabens gefunden worden. Kein einziger Knochen eines Prä-Schimpansen oder eines Prä-Gorillas wurde hier gefunden. Allerdings hat man auch westlich des Grabens noch keine Spuren von Vorläufern der modernen Affen gefunden, die den Prähominiden im Osten entsprechen und die Theorie bestärken würden. Trotzdem ist sie plausibel. Es ist also wohl diese kleine, einem Orangensegment ähnelnde Region Ostafrikas, die der Evolution der Primaten zum Menschen einen erneuten Anstoß gegeben hat.

Unsere Wiege … Kann man sagen, daß wir gewissermaßen der Dürre entsprungen sind?

Ganz richtig. Alles, was uns auszeichnet, der aufrechte Gang, unsere omnivore Ernährungsweise – wir nehmen sowohl tierische als auch pflanzliche Nahrung zu uns –, die Entwicklung unseres Gehirns, die Erfindung unserer Werkzeuge, das alles war wohl die Folge einer Anpassung an eine trockenere Umwelt. Hier kommt der klassische Mechanismus der natürlichen Auslese zum Tragen: Eine kleine Gruppe von Vorfahren, die genetische Merkmale besitzen, die für das Überleben in der neuen Umgebung vorteilhaft sind, setzt sich allmählich in der Population durch, und da sie länger leben als die anderen, haben sie eine zahlreichere Nachkommenschaft, die verstärkt mit diesen Merkmalen ausgestattet ist.

Der aufrechte Affe

Was sind das für Merkmale?

Das wissen wir nicht. Vielleicht ist es eine andere Form des Beckens, die es ihnen erleichtert, sich aufzurichten und dadurch sowohl ihre Beutetiere wie die ihnen selbst gefährlichen Raubtiere besser zu erkennen, besser anzugreifen und sich zu wehren, Nahrung oder ihre Kinder mit sich zu tragen … Ist der aufrechte Gang die Ursache oder eine Folge dieser Evolution? Jedenfalls setzen sich diejenigen, die über diesen genetischen Vorteil verfügen, im Laufe der Generationen durch. Um in einem solchen Milieu seine Haut zu retten, muß man recht kräftig sein.

Was bringt sie dazu, definitiv den aufrechten Gang anzunehmen?

Einige Individuen besitzen aufgrund einer genetischen Mutation ein breiteres und flacheres Becken, das ihnen beim vierbeinigen Gang hinderlich ist. In der neuen Umgebung wird diese »Behinderung« zum Vorteil, weil sie das aufrechte Leben erleichtert. Sie setzt sich im Laufe der Generationen durch.

Ist das eine Annahme?

Selbstverständlich. Wer kann es schon tatsächlich wissen? An Schimpansen beobachtet man, daß sie sich in drei Situationen aufrichten: um weiter zu blicken, um sich zu verteidigen oder anzugreifen – weil sie so die Hände frei haben und Steine werfen können – und schließlich, um Nahrung und ihre Jungen zu tragen. Es ist denkbar, daß unsere Vorfahren damals ihre Behaarung verlieren, was ihnen die durch die Trockenheit bedingte Transpiration erleichtert, und daß die Mütter, um ihre Jungen zu tragen, diese festhalten müssen (während sich bei den Affen die Jungen selbst im Fell festkrallen). Es ist außerdem denkbar, daß sie, wenn sie sich in der offenen Landschaft aufrichten, der Sonne weniger Angriffsfläche bieten und damit die Transpiration verringern.

Es steht also fest, daß sie – aus welchem Grund auch immer – definitiv diese Haltung angenommen haben?

Ja. Auch die inneren Druckspuren der fossilen Schädel deuten in dieselbe Richtung: Oben sind die Hirnwindungen weniger ausgeprägt als an den Seiten, und das ist logisch, denn wenn der Körper aufgerichtet ist, drückt der obere Teil des Gehirns nicht mehr auf die Schädeldecke und hinterläßt dort weniger Druckspuren.

Und dieses Wesen, das sich damals aufrichtet, erzeugt dann eine neue Art ...

Nein, eher eine Fülle neuer Arten, die noch nicht vollkommen menschlich sind und deren älteste Fossilien auf sieben Millionen Jahre zurückgehen: die Australopithecinen oder, wenn man es so lieber will, die Prähominiden.

2. Szene:
UNSERE VORFAHREN
ORGANISIEREN SICH

*Noch nicht Menschen, sondern eher Affen, aber
aufrecht auf ihren Hinterbeinen, betrachten
unsere Vorfahren die Welt von oben. Sie sagen
einander Worte der Liebe und essen Schnecken.*

Hüpfende Australopithecinen

*Vor acht Millionen Jahren sind die Prähominiden in Ostafrika be-
reits am Werk. Sie haben mit der Welt der großen Affen gebrochen.
Wodurch unterscheiden sie sich von den Arten, die ihnen vorausgingen?*

Sie stehen aufrecht, und sie bleiben dabei. Das ist eine richtige Revolution. Ihr Becken, ihre kürzeren oberen Gliedmaßen, ihre Rippen und selbst ihr Schädel, der anders auf der
Wirbelsäule sitzt – die ganze Morphologie ihres Skeletts zeigt
die Haltung eines Zweibeiners. Außerdem hat man in Tansania Fußabdrücke von ihnen gefunden, die auf einer vulkani-
schen Platte versteinert waren; es sind Spuren eines Zweibeiners aus der Zeit vor 3,5 Millionen Jahren. Die englischen
Forscher, die sie gesichert haben, meinten, die Spuren liefen
hin und her, so als habe der Gehende nicht recht gewußt wohin.

Was haben sie daraus geschlossen?

Daß es sich möglicherweise um zwei Australopithecinen handelte, die auf einem Bein gehüpft sind. Und Franzosen, die immer zu einem Scherz aufgelegt sind, fügten hinzu, daß der Alkoholkonsum möglicherweise älter ist, als man angenommen hat … War die Platte damals rutschig? Glücklicherweise hat man später an derselben Stelle Trittspuren von einem Erwachsenen und einem Kind gefunden, die vollkommen normal waren.

Die Ehre ist gerettet. Wie viele Australopithecinen-Arten gibt es?

Lange hat man geglaubt, es gebe nur eine. In Wahrheit ist ihre Welt sehr viel komplizierter. Zwischen acht und einer Million Jahre vor der Gegenwart wimmelt Afrika geradezu von Arten. Einige darunter entwickeln sich weiter zu den ersten Menschen, doch auch die konservativeren Arten entwickeln sich. Verschiedene Arten treten also gleichzeitig auf, und es kommt vor, daß ein Vorfahr einer Art zugleich ihr Vetter ist.

Findet man sich in einem solchen Gewimmel denn überhaupt zurecht?

Ja, durchaus. Das Ganze fängt natürlich mit archaischen Arten an, die sich Motopithecus, Ardipithecus usw. nennen. Sie reichen nur bis vier Millionen Jahre vor der Gegenwart. Dann sind in der Zeit von vier bis eine Million Jahre die Australopithecinen im eigentlichen Sinne an der Reihe. Das alles spielt sich ja in Ostafrika ab, einer ausgedehnten, in verschiedene Becken unterteilten Region, was die Diversifikation der Arten begünstigt. So findet man Australopithecinen mit dem Beinamen anamensis in der offeneren Gegend des Turkanasees und im stärker bewaldeten Afarbecken vornehmlich solche mit dem Beinamen afarensis.

Werden noch immer neue Arten entdeckt?

Ja, aber die Ernte ist bescheiden, denn aus der Zeit von acht bis vier Millionen Jahren vor der Gegenwart, auf die es ankommt, wenn wir das Auftreten der Hominiden verstehen wollen, gibt es nur wenige und nicht sehr ausgedehnte Sedimentationsbecken. Wir besitzen daher nur wenige Fossilien, die uns jedoch, auch wenn wir die Abstammungsverhältnisse nicht im einzelnen kennen, die Festlegung der großen Linien erlauben.

Wie sehen die Prähominiden aus?

Die am besten untersuchten Fossilien sind, wie Sie wissen, die Gebeine von Lucy, eines jungen Weibchens von vor drei Millionen Jahren. Es ist das vollständigste oder, anders herum ausgedrückt, das am wenigsten unvollständige Skelett, das bisher entdeckt wurde.

Lucys Knie

Es ist Ihre Lucy, denn Sie gehörten zu den Entdeckern. Ist es wahr, daß sie ihren Namen den Beatles verdankt?

Stimmt genau. Als wir sie 1974 im äthiopischen Afar fanden, hörten wir oft eine Kassette, auf der unter anderem der Beatles-Song *Lucy in the sky with diamonds* aufgenommen war. Die Äthiopier haben sie Birkinesh getauft, was »wertvolle Person« bedeutet.

Wertvoll ist sie in der Tat – nicht nur wegen ihrer Berühmtheit, sondern vor allem wegen all dessen, was wir durch sie gelernt haben, oder?

133

Sie haben recht. Lucy ist Stück für Stück erforscht worden. Ihrem Arm, ihrem Ellbogen, ihrem Schulterblatt und ihrem Knie wurden zahlreiche Doktorarbeiten gewidmet.

Wie sieht sie aus?

Sie ist nicht größer als einen Meter. Sie ist ein wenig gekrümmt, ihre oberen Gliedmaßen sind verglichen mit unseren ein wenig länger im Verhältnis zu den unteren, der Kopf ist klein, die Hände können Gegenstände, aber auch Zweige ergreifen. Sie ist zweibeinig, klettert aber noch auf die Bäume.

Sie geht also genau wie wir?

Nicht ganz. Durch Vergleich verschiedener Gangarten – von Menschen, von Kindern, von modernen Schimpansen – hat man erschlossen, welchen Gang sie damals entwickelt hatte: Lucys Schrittweite war kürzer als die unsere, sie lief schnell, ein wenig trippelnd und hatte vielleicht einen wiegenden Gang … Man hat, aufgrund der Abmessungen ihres Beckens, die vermutliche Größe eines Fötus ermittelt und sogar eine Geburt rekonstruiert. Falls Lucy Kinder gehabt hat, war die Bewegung ihrer Babys bei der Geburt der von menschlichen Neugeborenen von heute sehr ähnlich, nicht aber der von Affenjungen.

Und was wissen wir noch über sie?

Obwohl Lucy zweibeinig ist, klettert sie auf Bäume, was sich an bestimmten Gelenken ablesen läßt. Der Ellbogen und die Schulter sind solider als bei uns, was ihr, wenn sie sich von Ast zu Ast schwingt, mehr Sicherheit bietet, die Fingerglieder sind ein wenig gerundet, wohingegen das Knie eine größere Drehamplitude besitzt, typische Merkmale des Kletterers mit großer Wendigkeit bei seinen Sprüngen. Sie lebt gesellig; wie alle Primaten, ist sie Vegetarier; die Dicke des Schmelzes ihrer Zähne läßt erkennen, daß sie Früchte, aber auch Knollen gegessen haben muß. Und nach seiner Abnutzung zu urteilen, scheint sie mit zwanzig Jahren gestorben zu sein, wahrscheinlich ertrunken oder von einem Krokodil getötet, denn man hat sie in einem Seengebiet gefunden.

Arme Großmutter ...

Sie brauchen nicht traurig zu sein. Vermutlich war sie nicht unsere direkte Urgroßmutter, sondern repräsentierte einen Seitenzweig, denn ihre körperlichen Merkmale sind altertümlich. Australopithecus anamensis und africanus, die zur selben Zeit in Südafrika leben, haben zum Beispiel ein Knie, das menschenähnlicher ist. Die Arten der Prähominiden haben sich möglicherweise gleichzeitig nebeneinander entwickelt. Und die Tatsache, daß zwei Arten vergleichbare Merkmale haben, bedeutet nicht, daß sie ein und derselben Abstammung sind. Nehmen Sie die Fische und die Meeressäugetiere; sie ähneln einander, und doch sind es grundverschiedene Tiere: Die Vorfahren der Meeressäuger sind terrestrische Vierbeiner, die wieder ins Wasser zurückgekehrt sind.

Mit freien Händen

Unser wirklicher Urahn unter den Australopithecinen ist also unbekannt?

Ja. Was mich betrifft, so habe ich eine kleine Schwäche für den Australopithecus anamensis. Er hat das passende Alter, vier Millionen Jahre, und er besitzt untere und obere Gliedmaßen von einer durchaus modernen Morphologie, was ihn zu einem uns sehr ähnlichen Zweibeiner macht, im Gegensatz zu Lucy, die noch Merkmale des Baumlebens beibehält. Danach taucht ein anderer Australopithecus auf, robustus mit Beinamen.

Worin ist er den anderen überlegen?

Dank seiner stärkeren unteren Gliedmaßen ist er ein besserer Läufer als seine Vorgänger. Das Gehirn ist mit rund 500 Kubikzentimetern noch bescheiden, aber es ist besser durchblutet. Dank seiner veränderten Bezahnung kann er gut kauen, ja sogar mahlen, denn da die Zahl der Büsche und damit ihrer Früchte zurückgegangen ist, wird die Nahrung faserreicher und zäher. Bei Grabungen im Tal von Omo in Äthiopien hat man außer Überresten von Australopithecinen, die zum Teil über drei Millionen Jahre alt sind, viele behauene Steine gefunden.

Die Australopithecinen benutzen demnach bereits Werkzeuge?

Ja, es hat ganz den Anschein, daß sie die ersten waren, auch wenn es vielen noch schwerfällt, dies anzuerkennen. Die Spuren, die an den kleinen Steinen gesichert wurden, zeigen, daß sie dazu dienten, Wurzeln oder Knollen zu schälen, und nicht, Fleisch zu schneiden oder Knochen abzuschaben. Es ist möglich, daß sie von den Australopithecinen der Lucy-Familie benutzt wurden. Das würde bedeuten, daß die ersten Werkzeuge von Wesen hergestellt wurden, die noch nicht über völlig frei bewegliche Hände verfügten.

Das Gehirn als Mieter

Von André Leroi-Gourhan stammt ein verlockendes Szenario: Der Prähominide mußte, nachdem er das Werkzeug entdeckt hatte, seine Hände freibekommen, und so hat er den aufrechten Gang angenommen. Damit konnte sich seine Hirnschale und auch das Gehirn entwickeln.

Das ist durchaus wahrscheinlich. Für den Fisch war es kein Problem, seinen Kopf zu tragen, da dieser mit dem übrigen Körper eine Einheit bildete. Seit er begann, Lungen zu entwickeln und sich über den Boden zu schleppen, hatte der Vierbeiner Probleme, den immer selbständiger werdenden Kopf hochzuhalten. Sie verschlimmerten sich, als er zum Zweibeiner wurde. Erst der aufrechte Gang läßt ihn den Kopf frei tragen und ermöglicht zugleich die Vergrößerung der Hirnschale; das Gehirn braucht dann nur noch als guter Mieter den verfügbaren Platz einzunehmen.

Und seitdem kann es neue Fähigkeiten entwickeln?

Ja. Außerdem ist es möglich, daß die Vergrößerung des Gehirns eine Verkürzung der Schwangerschaftsdauer nach sich zieht: Da das Gehirn des Fötus größer geworden ist, muß die Niederkunft vorzeitig erfolgen, was bedeutet, daß die Gehirnentwicklung nach der Geburt weitergeht. Offenbar ist auch die Kindslage mit dem Kopf und nicht mit dem Steiß voran ebenfalls eine Folge des aufrechten Ganges. Eine weitere Folge: Aufrecht stehend bedient sich der Australopithecus häufiger seiner Hände und kann seine Werkzeuge vervollkommnen.

Aber Affen benutzen doch auch Werkzeuge ...

Das stimmt. Der Werkzeuggebrauch beschränkt sich nicht auf den Menschen oder den Prähominiden. Affen können zum Beispiel Zweige entlauben, um damit nach Termiten zu angeln, oder mit Hilfe von Steinen Nüsse knacken. Doch die Gestaltung eines Werkzeugs mit Hilfe eines anderen ist offenbar ein höheres Stadium, das die Affen nicht erreichen.

Wahrscheinlich haben sie sich eine Menge zu sagen, aber sie tun es durch Mimik, Gesten oder modulierte Laute, weil es ihnen mechanisch verwehrt ist, artikulierte Laute hervorzubringen. Nehmen Sie die Schimpansen: Lange hat man sie dahin zu bringen versucht, einige Worte zu sprechen, bis man erkannte, daß es ihnen wegen der geringen Tiefe ihres Gaumens und der Lage ihres Kehlkopfes unmöglich ist. Dann kam man auf die Idee, ihnen die Taubstummensprache beizubringen, und da zeigte sich, daß sie imstande sind, sich nicht nur mehrere hundert Begriffe zu merken, sondern auch Verbindungen zwischen diesen herzustellen. Sicher ist, daß der Gebrauch der Sprache wirklich erst mit jenem anderen Wesen auftritt, das vor rund drei Millionen Jahren erscheint – größer, aufrechter, weniger Kletterer, als es die Prähominiden waren, und ausgestattet mit einem Gehirn, das stärker entwickelt und durchblutet ist –, nämlich dem Menschen.

Ein opportunistisches Individuum

Leben die Australopithecinen mit ihm zusammen?

Mindestens eine Million, wenn nicht zwei Millionen Jahre lang! Sie teilen nicht denselben Lebensraum, aber sie begegnen einander hin und wieder.

Und werden sicherlich zu Rivalen.

Wieso? Ich weiß, daß man die Vergangenheit gern in dramatische Bilder faßt. Auf unzähligen Darstellungen der Vorgeschichte sieht man unsere armen Vorfahren verängstigt, verloren in einer Landschaft, die im Hintergrund mit rauchenden Vulkanen und brennenden Steppen ausgeschmückt ist, wie sie vor einem schrecklichen wilden Tier oder vor grobschlächtigen, mit Keulen bewaffneten Australopithecinen die Flucht ergreifen. Oder man sieht umgekehrt unsere ersten Menschen, plötzlich ganz zivilisiert, auf der Lauer liegen, um entsetzliche haarige Ungeheuer anzugreifen …

Mit diesen Klischeevorstellungen hat die Realität nichts zu tun?

Ich glaube nicht. Sicherlich können die Menschen mit ihrem Gehirn gemeinsame Strategien und Aktionen gegen die Australopithecinen entwickeln, um sie zu verzehren. Wenn es zu Auseinandersetzungen kommt, sind es auf keinen Fall »geordnete Feldschlachten«, sondern begrenzte Scharmützel, und die beiden Populationen leben nebeneinander. Noch heute sieht man ja Massai im N'Gorongoro-Krater inmitten von Löwen, Nashörnern und Büffeln umherziehen, alles nicht gerade harmlose Tierchen, und sofort wird einem klar, daß es möglich ist, in achtsamem Frieden, das heißt im Gleichgewicht mit seiner Umwelt zu leben. Was nicht ausschließt, daß hin und wieder einer von ihnen gefressen wird … Sagen wir so: Gelegentlich jagt und ißt ein Mensch ein Australopithecuskind, es schmeckt nicht schlecht, und das Fleisch ist zarter als das eines ausgewachsenen Tieres.

Ach nein! Meinen Sie das ernst?

Vollkommen ernst. Unsere ersten Menschen sind omnivor. Alles, was sie an »Wild« zu fassen kriegen, nehmen sie mit. Dennoch kann man das Aussterben der Australopithecinen nicht mit einer massiven Ausrottung erklären.

Womit denn?

Mit den klassischen Mechanismen der natürlichen Auslese. Die Umwelt wird rund eine Million Jahre vor der Gegenwart immer trockener und ein wenig kühler, und dem zeigt sich der Australopithecus immer weniger angepaßt. Er wird immer verwundbarer.

Er tritt in Konkurrenz zu den Menschen.

Ja, aber das bedeutet nicht notwendig Gewalt. Die flachen Austern sind unter dem Druck der sogenannten portugiesischen Austern verschwunden. Und es hat, soweit man weiß, keine Tätlichkeiten zwischen ihnen gegeben. Die portugiesische hat sich einfach inmitten der flachen wunderbar angepaßt und sich vermehrt.

Die Australopithecinen sind, wenn man so sagen kann, den Menschen allzu nahe.

Richtig. Und sie können, im Gegensatz zum Menschen, ihre ökologische »Nische« nicht verlassen und bleiben zu sehr ihrer Umwelt verhaftet. So werden ihre Arten unfruchtbarer und sterben nach einigen hundert Jahrtausenden schließlich aus. Der Mensch setzt sich durch: Er ist größer, er hält sich aufrechter, er ernährt sich von Pflanzen und von Fleisch, er ist sehr opportunistisch, und er ist immer besser mit Werkzeugen ausgestattet.

Die Vielfalt der Unterarten von Homo

Vor drei Millionen Jahren gibt es in der Landschaft also gleichzeitig altertümliche Prähominiden, die trippelnd laufen, robustere Australopithecinen, die auf ihren Hinterbeinen gehen, und die allerersten

Vertreter der menschlichen Gattung, die zu jagen beginnen. Ein ganz schönes Gedränge!

Ja, es »begegnen« sich zwei Reiche, das absterbende der Prähominiden und das gerade entstandene der Menschen. Die letzteren pflegte man in drei Formen zu unterteilen – *habilis, erectus* und *sapiens* –, doch neuerdings wurden weitere entdeckt, darunter der *Homo rudolfensis* und der *Homo ergaster.*

Weshalb so viele Arten?

Zweifellos wegen der vielen Arten von Australopithecinen, die ihre Vorfahren waren. Es ist sehr schwer, einen Zusammenhang zwischen all diesen Populationen herzustellen, und es ist nicht sicher, ob es sich wirklich um Arten handelt. Die Vertreter der Gattung *Homo* entwickeln sich so planmäßig, daß ich *habilis, erectus* und *sapiens* nur als Stadien einer und derselben Art betrachte.

Dann sollte man ganz einfach vom Menschen im Singular sprechen?

Ja, es handelt sich um die menschliche Gattung.

Was zeichnet sie aus?

Ihre Füße! Es ist eine der letzten Errungenschaften der Menschheit: ein ganz eigentümlicher, für den Menschen spezifischer Fuß mit parallelen Zehen, der sich aufgrund der Zweibeinigkeit, der Bipedie, durchsetzt. Auch besitzt der Mensch obere Gliedmaßen, die nicht so kräftig sind wie die seiner Vorfahren – denn er steigt nicht mehr so oft auf die Bäume –, dafür aber stabilere untere Gliedmaßen. Sein Gebiß ist runder, seine Eck- und Schneidezähne sind aufgrund seiner omnivoren Ernährungsweise stärker entwickelt im Verhältnis zu den molaren Backenzähnen, die kleiner sind als bei den Australopithecinen, und natürlich ist sein Gehirn sehr viel größer und mit komplexen Windungen versehen.

Ist er behaart?

Ganz bestimmt nicht mehr.

Ist er schwarz?

Woher soll man das wissen? Vermutlich ist er farbig, weil er in einer offenen Landschaft mit ganz erheblicher Sonneneinstrahlung lebt. Rund 2,5 Millionen Jahre vor der Gegenwart kommt es jedenfalls, wie man aus Untersuchungen der Fauna und Flora weiß, erneut zu einer ganz bedeutenden Klimakrise, einer großen Dürre.

Ist sie in ihrer Wirkung vergleichbar mit der Bildung des ostafrikanischen Grabens, in deren Folge die Australopithecinen entstanden?

Ja, sie zieht gewaltige Umwälzungen nach sich. Fauna und Flora ändern sich. Die Bäume weichen den Gräsern, zahlreiche Tierarten sterben aus. Die robusten Australopithecinen, die ein kleines Gehirn, aber einen massigen Körper und ein mächtiges Gebiß besitzen, müssen vorlieb nehmen mit den faserreichen und zähen Pflanzen, mit Knollen und Früchten mit harter Schale. Die Menschen dagegen mit ihrem höherentwickelten Gehirn und ihren engstehenden, langen Zähnen finden eine omnivore oder gemischte Nahrung aus Pflanzen und Fleisch. Die robusten Australopithecinen und die Menschen entwickeln sich übrigens ohne Zweifel selbst unter dem Druck der von dieser Klimakrise ausgelösten Auslese.

Die Dürre der Liebe

Was essen sie, unsere Omnivoren?

Frösche, Früchte, Körner und Knollen genauso wie Elefanten. Die Knochen, die sie uns von ihren Mahlzeiten hinterlassen haben, zeigen, daß sie eine sehr abwechslungsreiche Speisekarte hatten. Mit ihrem kräftigen Gebiß können sie Körner und Früchte mit harter Schale knacken. Und sie sind bereits erfahrene Jäger, wie man an den Spuren von geschleuderten Steinen auf gewissen Tierschädeln ablesen kann: Gazellen essen sie ebenso wie Chamäleons, Flußpferde oder Schnecken. Jene, die sich über die Eßgewohnheiten der Franzosen lustig machen, sollten wissen, daß schon ihre Vorfahren Frösche und Schnecken verzehrten! Der Mensch ist wirklich ein Wesen, das von allem ißt. Er ist, wie gesagt, sehr opportunistisch.

Eine reizende Mentalität ...

Trotzdem bringt er das von ihm erbeutete Wild zu bestimmten Orten, was vermuten läßt, daß er es zu den Seinen trägt. Das ist bemerkenswert. Die großen Affen fressen ihre Beute selbst oder nehmen sie sich sogar gegenseitig weg. Dieses Wesen ist das erste, das seine Nahrung mit anderen teilt, es lebt also in einer Art sozialer Organisation. Vor rund zwei Millionen Jahren versucht es sich auch an primitiven Schutzbauten, runden oder sichelförmigen Unterschlüpfen, von denen Überreste gefunden wurden.

Kennt er eine Kommunikation?

Die Anpassung an die Dürre hat sich bei ihm in einer Modifikation der Atemwege ausgewirkt, insbesondere im Absteigen des Kehlkopfes. Unter den Wirbeltieren besitzt allein der

Mensch einen tief gelegenen Kehlkopf. So entsteht zwischen den Stimmbändern und der Mundhöhle eine Art Resonanzkörper, und im Zusammenhang damit schafft die Vertiefung und Verkürzung des Oberkiefers eine größere Beweglichkeit der Zunge. Die Sprache mag noch nicht so artikuliert sein wie die unsere, aber sie wird doch sehr viel elaborierter. Schon bei den ersten Menschen gibt es, wie Schädeluntersuchungen gezeigt haben, eine frontale Hirnregion, die heute dem de Brocaschen Hauptsitz der Sprache entspricht. Die Entwicklung des Wortschatzes, der Grammatik und der Syntax muß sich sehr schnell vollzogen haben.

Und das alles wegen des Klimas?

Die Evolution ist eine Folge von Ereignissen, und das Ereignis ist häufig ein Umweltereignis. Man kann sich jedenfalls nur schwer vorstellen, daß der Kehlkopf allein deshalb abgestiegen ist, damit der Mensch sprechen kann!

Nach Ihrer Auffassung ist also nicht nur der Körper des Menschen, sondern auch seine Sprache und seine Kultur eine Folge der Dürre!

Das ist jedenfalls eine brauchbare Erklärung.

Und die Liebe?

Sie werden es für eine Übertreibung halten, aber für mich ist auch die Liebe eine Frucht der Dürre. Diese hat die Menschen zwangsläufig einander nähergebracht. Die verkürzte Schwangerschaft in einer sehr viel exponierteren Umwelt hat Mutter und Kind gezwungen, länger zusammenzubleiben. Dadurch ist, unter Mitwirkung des sich herausbildenden Bewußtseins, die Emotion entstanden. Und vielleicht hat sich in jener Zeit auch der Mann, der Vater, diesem Mutter-Kind-

Paar zugesellen müssen, wenigstens für die Dauer der Paarungszeit. In jener Zeit sind möglicherweise die Empfindungen zwischen Mann und Frau entstanden. Edgar Morin hat einmal mir gegenüber zu diesem Thema bemerkt: »Freud wollte den Vater verschwinden lassen, und ihr Prähistoriker läßt ihn wiederauferstehen, um die Entfaltung der Menschheit zu erklären.« Daran ist etwas Wahres.

3. Szene:
DER SIEGESZUG DES MENSCHEN

Die alte Welt stirbt, eine neue Welt entsteht,
beherrscht von einem opportunistischen Zweibeiner,
der die Erde erobert. Er erfindet die Kunst, die Liebe,
den Krieg und stellt sich Fragen nach seinen Ursprüngen.

Der Geist des Hügels

Die ersten Vertreter des Menschengeschlechts sind bereits schwatzhaft und verliebt. Sehr rasch gehen sie daran, die Welt zu besiedeln. Etwa deshalb, weil sie von Natur aus neugierig sind?

Weshalb sollten sie Hunderttausende von Jahren in ihrer Wiege abwarten, ohne sich zu rühren? Wenn man auf einen Hügel steigt, um zu sehen, was auf der anderen Seite ist, und am Horizont einen anderen Hügel erblickt, hat man natürlich Lust, auch dort hinaufzusteigen … Und schließlich ist unser Mensch mit einer gewissen Intelligenz begabt; er muß jagen, um sich zu ernähren, was ihn veranlaßt, auf Reisen zu gehen. Er muß einen recht imponierenden Anblick bieten, wenn er sich anschickt, Steine zu werfen.

Leben unsere ersten Menschen in Familienverbänden?

Vermutlich in kleinen Horden von zwanzig bis dreißig Personen. Vergleichbare Entwicklungen hat man bei den Eskimojägern auf Grönland beobachtet. Irgendwann wird die wachsende Bevölkerung allzu zahlreich, und dann werden, um überleben zu können, Niederlassungen gegründet; eine kleine Schar zieht aus und läßt sich, um ihre Nahrung anderswo zu suchen, einige Dutzend Kilometer weiter nieder. Zur Zeit unserer ersten Menschen nimmt die Bevölkerungszahl rasch zu.

Woher weiß man das?

In einer gegebenen Umwelt herrscht eine bestimmte zahlenmäßige Relation zwischen Herbivoren, Karnivoren und Omnivoren (Pflanzen-, Fleisch- und Allesfressern). Ausgehend von dem Anteil der an einem Fundort aus jener Zeit entdeckten menschlichen Fossilien, läßt sich, wenn die Zahl der Funde ausreicht, um statistisch aussagefähig zu sein, die Bevölkerungsdichte berechnen; man gelangt so zu einem Menschen auf zehn Quadratkilometern. Das entspricht zum Beispiel der Bevölkerungsdichte der Ureinwohner in bestimmten Gebieten Australiens.

Die ersten Menschen beginnen also, durch Abspaltungen kleiner Gruppen den Erdball zu besiedeln.

Richtig. Wenn sie beispielsweise in einer Generation 50 Kilometer weiterwandern, was nicht viel ist, brauchen sie, um von ihrem ostafrikanischen Ursprungsgebiet bis nach Europa zu gelangen, kaum 15 000 Jahre, und das ist in Anbetracht unserer Geschichte nur ein Augenblick; 15 000 Jahre, das ist weniger als die Fehlerspanne unserer Datierungen. Von der afrikanischen Wiege ausgehend, dringen sie bis in den Fernen Westen und den Fernen Osten vor, wo man über zwei Millionen Jahre alte behauene Steine und Fossilien findet.

Mühsam behauene Feuersteine

Handelt es sich immer noch um dieselben Menschen?

Es handelt sich zunächst um einen der ersten Menschen, *Homo habilis* oder *Homo rudolfensis,* dann um einen der nachfolgenden Menschen, *Homo ergaster* oder *Homo erectus.* Inzwischen verfügen wir aber über Funde aus der Zeit dazwischen, und danach hat es den Anschein, als handele es sich – nach einer explosionsartigen Entwicklung ostafrikanischer Formen – beim Eroberer der Welt um ein und dieselbe Menschenart, die man nach aufeinanderfolgenden Evolutionsstadien (Stufen) benennt: *habilis, erectus, sapiens …*

Was zeichnet den Homo erectus *aus?*

Sein Gehirn ist größer (900 Kubikzentimeter) als das seines Vorgängers, seine Art, sich zu verhalten, das Gelände zu besetzen und seine Werkzeuge herzustellen, hat sich verfeinert. Vom bloßen Behauen – Stein gegen Stein – geht er zur Methode des weichen Bohrers über: Er klopft mit einem Stück Holz oder Horn auf seinen Stein, wodurch er das Absplittern des Gesteins besser kontrollieren und feinere Werkzeuge herstellen kann.

Eine Million Jahre lang klopft er auf Feuersteinen herum! So lange dauert es, bis er eine gute Schneidkante findet!

Ja, der menschliche Fortschritt ist langsam. Für Leroi-Gourhan ist die Vorgeschichte aus der Erforschung der von Ihnen erwähnten Schneiden abzulesen. Er verglich gleich große Mengen von behauenen Feuersteinen aus allen großen Epochen und erkannte, daß die Länge der daraus gewonnenen Schneiden allmählich zunahm: zehn Zentimeter Schneidkante pro Kilo bearbeiteter Geröllsteine (vor drei Millionen Jahren), vierzig Zentimeter bei den ersten Zweiseitern und später zwei Meter bei den Werkzeugen des Neandertalers (vor 50 000 Jahren), zwanzig Meter bei denen des Cromagnon-Menschen (vor 20 000 Jahren). Je weiter man in der Zeit voranschreitet, desto mehr vervollkommnet sich die Bearbeitungstechnik.

Wie sieht das aus?

Eine bestimmte Bearbeitung, »Levallois-Technik« genannt, erfordert zum Beispiel, daß man ein Dutzend exakter Schläge ausführt, bevor man die gewünschte Absplitterung erhält, was schon eine gewisse Strategie und ein beträchtliches Abstraktionsvermögen voraussetzt. Ein Prähistoriker hat diese Technik mit der Anfertigung eines aus Papier gefalteten Huhns verglichen: Man muß das Blatt einmal, zweimal, vierzehnmal falten, ehe man den Schwanz des Huhns bewegen kann. Das erfordert schon wahres Können.

Das Tohuwabohu am Feuer

Dennoch kann man aber wohl sagen, daß die Fähigkeiten nur langsam der Entwicklung des Gehirns gefolgt sind.

Hunderttausende von Jahren hat der arme *Homo erectus* seinen Zweiseiter mit sich herumgeschleppt. Im Vergleich dazu werden die Abschlaggeräte, die Klingen, die Metalle und die Atomkraft innerhalb eines Augenblicks erfunden. Vor 100 000 Jahren läßt sich an den ostafrikanischen Fundorten eine Wende beobachten. Von da an scheinen die kulturellen Fortschritte schneller aufeinanderzufolgen als die anatomischen Veränderungen. Die Evolution findet neue Antworten auf die Herausforderungen der Umwelt. Das erworbene Wissen trägt den Sieg davon.

Geht das einher mit einer Änderung in der sozialen Organisation der Menschen?

Wenn man die Spuren an einem von *Homo habilis* bewohnten Ort betrachtet, entdeckt man ein richtiges Tohuwabohu; alles liegt durcheinander, Essensreste, Reste der Steinbearbeitung und Überbleibsel vom Aufschneiden des Wildes. Alles spielte sich am selben Ort ab. Mit der Zeit läßt sich an den Lagerplätzen des *Homo erectus* eine Spezialisierung beobachten: An einer Stelle wird geschlafen, an einer anderen gegessen, an einer dritten der Stein behauen. Das deutet tatsächlich auf eine gewisse Organisation der Verrichtungen hin. Später werden diese Stellen ganz voneinander getrennt, bisweilen liegen mehrere hundert Meter dazwischen. Und schließlich findet man eine Feuerstelle.

Ist es der Homo erectus, *der das Feuer erfindet?*

Ja, vor etwa 500 000 Jahren. Man hätte durchaus weit früher das Feuer beherrschen können, aber die Gesellschaft war noch nicht so weit. Nicht zufällig tritt die Beherrschung des Feuers zur selben Zeit auf wie die Erfindung des weichen Bohrers und des Levallois-Abschlags. Möglicherweise haben etliche kleine Genies weitaus raffiniertere Methoden der Steinbearbeitung gefunden, aber alle Gesellschaften verkennen bekanntlich ihre Erfinder, bevor sie so weit sind, sie zu verstehen: Damit eine Idee sich breit durchsetzt, muß erst die ganze Gemeinschaft eine gewisse Reife erlangt haben.

Der Mensch mit dem Überaugenwulst

In jener Zeit verschwindet der Homo erectus *und überläßt das Feld dem* Homo sapiens*, dem modernen Menschen.*

Der eine geht in einem langen Evolutionsprozeß aus dem anderen hervor. Die Veränderung erfolgt schrittweise und überall, in Asien wie in Afrika, gleichförmig. Mit einer Ausnahme: unser berühmter Neandertaler in Europa.

Er hat die ersten Forscher aufgeschreckt. Woher kommt er?

Er stammte vermutlich von einem *Homo habilis* ab, der Europa sehr früh, vor rund 2,5 Millionen Jahren, bevölkerte. Infolge aufeinanderfolgender Vergletscherungen ist dieser Erdteil zu einer Art Insel geworden, umschlossen von den Alpen und den eisbedeckten nördlichen Gebieten. Die ersten Vertreter des *Homo habilis* waren dort isoliert, haben sich nicht wie ihre Artgenossen in anderen Erdteilen weiterentwickelt.

Warum nicht?

Auf einer Insel weichen Fauna und Flora mit der Zeit von der des benachbarten Festlandes ab: sie unterliegen einer genetischen Drift. Je älter die Insel, desto andersartiger sind Fauna und Flora. Würde man eine Gruppe von Männern und Frauen auf einen anderen Planeten verbannen, so würde die dortige Bevölkerung nach und nach von der hiesigen abweichen. Aus einer solchen genetischen Drift ist auch der Neandertaler hervorgegangen. Er hat Überaugenwülste, eine fliehende Stirn und ein fliehendes Kinn, ein vorspringendes Gesicht.

Ihm wird es nicht gelingen …

Trotzdem lebt er von 250 000 Jahren vor der Gegenwart bis vor 35 000 Jahren in Europa und schafft es, eine Zeitlang mit einem Vertreter des *Homo sapiens,* dem Cromagnon-Menschen, zusammenzuleben, den man so getauft hat, weil seine Überreste bei Cro-Magnon in Frankreich gefunden wurden. Dieser hatte sich in Asien und Afrika entwickelt, bevor er spät, vor etwa 40 000 Jahren, nach Europa kam.

Die erste Koexistenz

Wie sieht das Zusammenleben aus? Haben diese beiden Populationen einander bekämpft? Eine schreckliche Vorstellung ...

Man hat diese beiden Menschentypen lange einander entgegengesetzt; der eine soll ein Barbar, der andere zivilisiert gewesen sein. In Wahrheit sind sie einander sehr ähnlich. Sie bewohnen nacheinander dieselben Orte. Ihre Werkzeuge und ihre Lebensweise sind miteinander vergleichbar. Der Neandertaler ist geschickt und schöpferisch; er besitzt eine hochentwickelte Sprache; er bestattet seine Toten; er sammelt Objekte zum Vergnügen: An 80 000 Jahre alten Wohnstätten des Neandertalers hat man Sammlungen von Fossilien und Mineralien gefunden. Auch die technologische Wende der Jungsteinzeit bewältigt er sehr gut: Die in den französischen Départements Charente-Maritime und Yonne gefundenen Erzeugnisse der sogenannten Klingenkultur, die dem Cromagnon-Menschen zugeschrieben wurden, stammen in Wahrheit von ihm.

Haben sich die beiden Populationen damals vermischt?

Davon ist nichts bekannt. Fossilien mit Merkmalen beider Formen wurden nicht gefunden. Deshalb glauben manche

Forscher immer noch, es mit zwei verschiedenen Arten zu tun zu haben.

Aber schließlich ist der Neandertaler ausgestorben. Warum? Es drängt sich die Frage auf, ob der Cromagnon-Mensch ihn nicht ausgerottet hat.

Im Südwesten Frankreichs kennen wir eine Höhle, in der auf eine Neandertaler-Schicht eine Cromagnon-Schicht, dann wieder eine Neandertaler- und nochmals eine Cromagnon-Schicht folgt, so als ob sie abwechselnd, sei es saisonweise, sei es nach kriegerischer Eroberung, von beiden Typen bewohnt worden wäre. Ob es Kämpfe gab? Ich glaube eher, daß der Neandertaler friedlich ausgestorben ist. Der Cromagnon-Mensch ist kulturell und biologisch besser ausgestattet als er. Wenn es eine Konkurrenz zwischen ihnen gab, dann könnte sie auch gewaltlos gewesen sein. Sie endet jedenfalls damit, daß der eine von beiden sich durchsetzt.

Kunst und Lebensart

Der Cromagnon-Mensch, sind das wir? Sie und ich?

Ja, das ist der moderne Mensch. Er besitzt einen zierlichen Körperbau, ein hochentwickeltes Gehirn, mit dessen Hilfe er das symbolische Denken noch ein bißchen weiterentwickeln kann. Am Ende besiedelt er den ganzen Planeten. Er taucht überall auf, er dringt, 100 000 Jahre vor Christoph Kolumbus, über die Beringstraße, die damals nicht überflutet war, nach Amerika vor. Und er begibt sich auf Flößen sogar nach Australien – vor wenigstens 60 000 Jahren.

Und er läßt sich auf Dauer in Europa nieder.

In Europa ist es die erwähnte Cromagnon-Rasse, die etwas tut, was sie in Asien und Afrika nicht getan hatte: Ab 40 000 Jahre vor der Gegenwart zeichnet sie ihre Vorstellungswelt auf Gegenstände und Höhlenwände.

Die ältesten Höhlenmalereien, von denen wir heute wissen, sind rund 40 000 Jahre alt. Kann man darin die Anfänge der Kunst erblicken?

Nein, die Kunst ist allmählich entstanden – und schon früher. Was die Kunst angeht, gibt es zwischen dem Neandertaler und dem Cromagnon-Menschen eine durchgehende Kontinuität, während es in anatomischer Hinsicht an der Kontinuität fehlt. Die Neandertaler legen eine sehr große Neugier an den Tag. Sie sammeln Mineralien, durchbohren Muscheln und Zähne, um daraus Halsketten zu machen, stellen Musikinstrumente her, Trillerpfeifen und kleine Flöten aus Gebeinen. Die Verwendung von Ocker zum Beispiel geht noch weiter zurück, mehrere hunderttausend Jahre.

Die Toten bestatten, malen, zweckfrei handeln, Rituale begehen – heißt das nicht, daß der Mensch den Begriff der Zeit entdeckt, daß er seine Stellung im Universum begreift?

Doch. Das Bewußtsein und seine Folge, das symbolische Denken, haben sich allmählich im Laufe von Generationen entwickelt. Was aber seit 100 000 Jahren neu ist, das ist die Fähigkeit des Menschen, sich ein Jenseits vorzustellen, und zwar in der Weise, daß er sogar die Reise dorthin vorbereitet. Es sind die Riten und – seit 40 000 Jahren – die Kunst, die ihn fortan auf der Reise ins Jenseits begleiten. Übrigens haben nur bestimmte Individuen Anspruch auf eine derartige Bestattung, was auf eine soziale Selektion hindeutet.

Die Kultur als Nachfolger der Biologie

Und dann kommen die Bronze, das Eisen, die Schrift, die Geschichte, wie wir sie heute verstehen. Und der Krieg ... Hat der moderne Mensch ihn erfunden?

Ja, aber erst spät. Die frühesten Massengräber, die wir entdeckt haben, stammen aus der Zeit der Metalle vor 4 000 Jahren. So als hätte die Entdeckung des Ackerbaus und der Viehzucht, dann des Kupfers, des Zinns und des Eisens, den Wunsch nach Eigentum mit sich gebracht und damit die Notwendigkeit, seinen Besitz zu verteidigen. Freilich war die Metallherstellung auf den Besitz von Erzvorkommen angewiesen. Das hat bestimmten Gruppen, die diese nutzten, unverhofften Reichtum gebracht.

Mit der Entfaltung der Kultur bringt der Mensch seine Natur unter Kontrolle. Gibt es von den ersten Cromagnon-Menschen bis heute noch eine Evolution seines Körpers?

Ganz geringfügig. Sein Knochengerüst wird zierlicher, seine Muskulatur ebenfalls; die Zähne werden kleiner und weniger. Die Dauer der Schwangerschaft verkürzt sich. Mutter und Kind rücken eng zueinander, die Zeit des Lernens verlängert sich. Und die Bevölkerung wächst rasch: Vor drei Millionen Jahren gibt es in einem kleinen Winkel Afrikas 15 000 Menschen, vor zwei Millionen Jahren auf dem ganzen Erdball einige Millionen, vor 100 000 Jahren zehn bis zwanzig Millionen ... Vor 200 Jahren dann eine Milliarde und heute sechs Milliarden.

Anschließend diversifiziert sich die menschliche Art. Hat der Begriff der Rasse für Sie einen Sinn?

Nein. Bei den Botanikern und Zoologen bezeichnet die Rasse eine Unterart. Beim Menschen ist dieser Begriff unangebracht:

Wir alle sind *Homo sapiens sapiens*. Natürlich gibt es Teilpopulationen, innerhalb derer die Individuen einander ähnlicher sind als den Angehörigen einer anderen Teilpopulation, aber menschliche Rassen gibt es nicht. Die Menschen sind dermaßen durchmischt, daß derartige Unterscheidungen auf der Ebene des Gewebes, der Zelle und des Moleküls keinen Sinn haben.

Eva und der Apfel

Gibt es in diesem Szenario von den Ursprüngen des Menschen etwas, das Ihnen rätselhaft erscheint?

Ganz rätselhaft ist die Vorgehensweise der Evolution. Innerhalb einer sich verändernden Umwelt sind die Tiere und Menschen imstande, sich zu ändern, um sich an neue Klimaverhältnisse anzupassen, so als gäbe es jedesmal ein ausreichendes Spektrum von Mutationen, aus denen die richtige Auswahl getroffen werden kann. Gewiß schreitet die Evolution durch natürliche Auslese voran. Aber reicht diese aus, um eine so wunderbare Anpassung der Lebewesen an Veränderungen ihrer Umwelt zu erklären? Oder vermag die letztere genetische Änderungen auf direkterem Wege zu bewirken? Vielleicht wird man das irgendwann verstehen …

Würden Sie sagen, daß unsere Geschichte eine Richtung, eine Gesetzmäßigkeit aufweist?

Ich kann nur feststellen, daß die Lebewesen heute komplexer sind als vor einer Milliarde von Jahren. Und was mich angeht, so glaube ich nicht an Glück oder Zufall, die nur, wenn man eine ganz kurze Periode betrachtet, am Werk zu sein scheinen.

Hieße das, daß wir die Auffassung der Wissenschaft von unseren Ursprüngen etwa mit jener der Religionen in Einklang bringen sollten?

Beides ist nicht unvereinbar miteinander. Die Wissenschaft tut letztlich nichts anderes als zu beobachten. Sie darf nicht dogmatisch sein. Sie weiß sehr wohl, daß die Realität immer komplexer ist.

Wo würden Sie in Ihrer Geschichte Adam und Eva ansiedeln?

Für mich wären sie Vertreter des *Homo habilis,* die vor drei Millionen Jahren in der schönen, duftenden Savanne in der Nähe des ostafrikanischen Grabens leben. Dieses Gebiet muß so etwas wie ein Paradies auf Erden gewesen sein, als der Mensch zu jagen und zu sprechen begann.

Mit Schlangen und Äpfeln?

Ja, mit Dum-Äpfeln, die auf einer Palmenart wachsen. An Schlangen fehlte es auch nicht. Aber versuchen wir nicht, die Bibel der Wissenschaft anzupassen, das wäre sinnlos.

Das Bewußtsein des Todes

Was macht für Sie das spezifisch Menschliche aus?

Das ist eher eine Frage der Quantität als der Qualität. Bei der Beobachtung von Schimpansen ist man verblüfft, wie sehr sie in manchen ihrer Verhaltensweisen uns ähneln. So tanzen zum Beispiel die Männchen vor den Weibchen, wenn der erste Regen fällt. Lévi-Strauss hat seine Definition der menschlichen Gesellschaften auf dem Verbot des Inzests zwischen

Mutter und Kind aufgebaut. Aber dieses Verbot findet man auch bei den Schimpansen.

Wie ist dann das Menschliche zu definieren? Durch das Bewußtsein? Durch die Liebe?

Sicherlich durch die Emotion. Doch vor allem durch das Bewußtsein des Todes, das auf einer höheren Reflexionsebene angesiedelt ist. In der Einsicht, daß jeder einmalig und unersetzlich ist, daß das Hinscheiden eines Menschen ein nicht wiedergutzumachendes Drama ist, sehe ich den Kern der Definition des reflektierenden Bewußtseins. Das schließt auch ein, daß man sich des Ichs, der anderen, der Umwelt, der Zeit bewußt ist.

Was wäre für Sie die Lehre aus dieser langen Geschichte?

Was dieser letzte Akt uns lehrt, ist zunächst, daß wir nur einen Ursprung besitzen; wir sind alle gebürtige Afrikaner, geboren vor drei Millionen Jahren, und das sollte uns zur Brüderlichkeit mahnen. Auch ist daran zu erinnern, daß der Mensch erst allmählich aus dem Tierreich hervorgegangen ist, nach einem langen Kampf gegen die Natur, indem er seine Kultur gegen den naturwüchsigen Determinismus durchgesetzt hat. Wir sind heute herrlich frei – wir spielen mit unseren Genen, wir machen Babys in der Retorte, aber wir sind auch sehr verletzlich. Würde eines unserer Kleinen außerhalb der Gesellschaft heranwachsen, so wäre es gänzlich hilflos, es würde nicht einmal auf seinen Hinterbeinen gehen können, es würde nichts lernen. Es hat der gesamten Evolution des Universums, des Lebens und des Menschen bedurft, damit wir diese zerbrechliche Freiheit gewannen, die uns heute unsere Würde und unsere Verantwortung gibt. Und wenn wir uns jetzt nach unseren kosmischen, animalischen und menschlichen Ursprüngen fragen, dann deshalb, um uns besser von ihnen zu befreien.

EPILOG

*Eingepfercht auf ihrer kleinen Erde, bedroht von ihrer
eigenen Machtfülle, heben die ihrer selbst bewußten
und neugierigen Menschen die Augen zum Himmel
und fragen ängstlich: Wie wird diese schöne Geschichte
der Welt weitergehen?*

Die Zukunft des Lebens

DOMINIQUE SIMONNET: *Soweit sind wir also nach fünfzehn Milliarden Jahren der Evolution und nur wenigen Jahrtausenden der
Zivilisation. Geht die Evolution, die seit dem Urknall abläuft und
immer komplexere Gebilde erfindet, deren schönste Blüten wir sind,
auch heute noch weiter?*

JOËL DE ROSNAY: Die Teilchen, die Atome, die Moleküle, die
Makromoleküle, die Zellen, die ersten aus mehreren Zellen
bestehenden Organismen, die aus mehreren Organismen be-
stehenden Populationen, die aus Populationen bestehenden
Ökosysteme und dann der Mensch, der heute seine Biologie
nach außen verlängert – die Evolution geht natürlich weiter.
Doch jetzt ist sie vor allem eine technische und soziale. Die
Kultur tritt die Nachfolge an.

*Wir stehen demnach vor einem Wendepunkt der Geschichte, einem
Bruch, der vergleichbar ist mit der Entstehung des Lebens.*

Ja. Nach der kosmischen, der chemischen und der biologischen Phase leiten wir den vierten Akt ein, den die Menschheit im nächsten Jahrtausend spielen wird. Wir gelangen zu einem Bewußtsein unserer selbst, das kollektiv wird.

Wie sieht dieser nächste Akt aus?

Man könnte sagen, daß wir im Begriff sind, eine neue Lebensform zu erfinden: einen planetaren Makroorganismus, der das Reich des Lebendigen ebenso umfaßt wie die Hervorbringungen des Menschen, einen Organismus, der sich ebenfalls entwickelt und dessen Zellen wir sind. Er besitzt sein eigenes Nervensystem, von dem das Internet ein Embryo ist, und einen Stoffwechsel, der die Materialien recycelt. Dieses globale, aus aufeinander angewiesenen Systemen bestehende Gehirn verbindet die Menschen mit der Geschwindigkeit des Elektrons und greift tief in unsere Wechselbeziehungen ein.

Kann man, um bei dem Bild zu bleiben, von einer Auslese sprechen, einer nicht länger natürlichen, sondern nunmehr kulturellen Auslese?

Ich glaube ja. Unsere Erfindungen entsprechen den Mutationen der biologischen Evolution. Diese technische und soziale Entwicklung schreitet sehr viel schneller voran, als es die Darwinsche biologische Evolution getan hat. Der Mensch erschafft neue »Arten«: das Telefon, den Fernseher, das Auto, den Computer, die Satelliten …

Und er ist es, der die Auslese trifft.

Ja. Was ist zum Beispiel der Markt, wenn nicht ein Darwinsches System, das bestimmte Arten von Erfindungen ausliest, eliminiert oder fördert? Der große Unterschied zur biologischen Evolution besteht darin, daß der Mensch im Abstrakten beliebig viele Arten erfinden kann – diese neue Evolution entmaterialisiert sich. Er führt zwischen der realen Welt und der imaginären Welt eine neue Welt ein, die virtuelle, so daß er nicht nur künstliche Universen erkunden, sondern auch Objekte oder Maschinen, die noch nicht existieren, bauen und testen kann. Diese kulturelle und technische Evolution folgt gewissermaßen der gleichen »Logik« wie die natürliche Evolution.

Kann man also sagen, daß die Komplexität ihr Werk fortsetzt?

Durchaus. Aber sie macht sich nach und nach frei vom schweren Mantel der Materie. In gewisser Weise gelangen wir zurück zum Urknall. Die Energieexplosion vor zwölf oder fünfzehn Milliarden Jahren ähnelt dem Gegenteil des von Teilhard de Chardin so geschätzten »Punktes Omega«, der eine Implosion des von der Materie befreiten Geistes wäre. Wenn man die Zeit vergißt, könnten beide miteinander verwechselt werden.

Es fällt freilich schwer, die Zeit und die sehr kurze Lebensdauer, der wir Menschen unterworfen sind, zu vergessen. Hat das Individuum noch eine Zukunft, wenn es sich wie eine Zelle in ein ihm unbegreifliches globales Ganzes einfügen muß?

Selbstverständlich. Ich glaube, daß es sich noch mehr vervollkommnen kann. Wenn die Zellen sich zu einem Verband zusammenschließen, gelangen sie zu einer Individualität, die noch größer ist, als wenn sie isoliert sind. Die Etappe der Makroorganisation enthält gewiß ein Risiko der planetaren Vereinheitlichung, aber auch Keime der Diversifikation, der Vielfalt. Je stärker die Erde sich globalisiert, desto stärker differenziert sie sich.

Sie beschreiben die heutige Gesellschaft als Biologe und sprechen von Evolution, von Gehirn, von Mutationen ... Sie werden Ihre Metaphern doch nicht für Realitäten halten?

Aus der Biologie läßt sich keine Vision der Gesellschaft herleiten. Versucht man es doch, gelangt man zu unannehmbaren Ideologien. Gleichwohl vermag die Biologie unser Denken zu befruchten. Zu Beginn des Jahrhunderts waren mechanische Metaphern von Räderwerken und Uhren vorherrschend. Jetzt entfalten die Metaphern des Organismus die größte Wirkung, sofern man sie nicht wörtlich nimmt. Der planetare Organismus, den wir schaffen, verlängert unsere Lebensfunktionen und unsere Sinne nach außen: unsere Augen durch das Fernsehen, unser Gedächtnis durch die Computer, unsere Beine durch den Verkehr ... Bleibt die große Frage: Werden wir in Symbiose mit ihm leben oder zu Parasiten werden und den Wirt, auf dem wir sitzen, zerstören, was schwere wirtschaftliche, ökologische und soziale Krisen nach sich zöge?

Wie lautet Ihre Prognose?

Gegenwärtig ziehen wir Energieressourcen, Informationen und Stoffe an uns und spucken Abfälle in die Umwelt zurück, wobei wir jedesmal das uns tragende System ärmer machen. Wir parasitieren an uns selbst, denn bestimmte industrialisierte Gesellschaften hemmen das Wachstum der anderen. Wenn wir auf dem derzeitigen Weg fortfahren, werden wir zu den Parasiten der Erde.

Was können wir tun, um das zu vermeiden und den Planeten zu retten?

Es geht nicht darum, wie es vielleicht die nostalgischen Umweltschützer wünschen, die Vielfalt des Lebendigen in umfriedete Bezirke zu sperren und Schutzgebiete zu schaffen; es geht darum, einen Einklang zwischen der Erde und der Technik, zwischen Ökologie und Ökonomie zu finden. Um Krisen zu vermeiden, sollten wir die Lehren aus unseren Erkenntnissen über die Evolution der Komplexität ziehen, wie wir sie hier ausgebreitet haben. Ein Verstehen unserer Geschichte vermag dem, was wir tun, notwendigen Abstand, eine Richtung, einen »Sinn« und sicherlich mehr Weisheit zu geben. Ich persönlich glaube an das Wachstum der kollektiven Intelligenz, an einen technologischen Humanismus. Und ich habe die Hoffnung, daß wir, wenn wir es wollen, an die nächste Etappe der Menschheit mit Gelassenheit herangehen können.

Die Zukunft des Menschen

Unsere Geschichte der Welt steuert nun, wie Joël de Rosnay sagt, einen vierten Akt an, den der kulturellen Evolution. Teilen Sie diese Ansicht?

YVES COPPENS: Ich habe einmal zu dem Forschungsreisenden Jean-Louis Étienne nach seiner Rückkehr vom Nordpol gesagt: »Wie mußt du dort oben gefroren haben!« Er hat mir ganz einfach geantwortet: »Durchaus nicht, ich war warm angezogen!« Das ist typisch für unsere kulturelle Evolution. Tagtäglich verbessern wir die Kontrolle über unseren Körper, unsere Umwelt, und wir haben der Kultur die Nachfolge übertragen. Jetzt ist sie es – und nicht mehr die Natur –, die am schnellsten auf die Herausforderungen der Umwelt reagiert.

Unser Körper, der eines Homo sapiens, ändert sich also nicht mehr?

Doch, aber sehr langsam. Dazu müssen wir eine fernere Zukunft ins Auge fassen, weit über das nächste Jahrtausend hinaus. In zehn Millionen Jahren besteht eine gewisse Aussicht, daß wir einen anderen Kopf haben werden als gegenwärtig. Unser Knochengerüst wird zierlicher werden, und unser Gehirn wird sich ohne Zweifel weiter vergrößern.

Was zu neuen Fähigkeiten führt.

Ja. Nicht ausgeschlossen ist, daß die Zunahme des Hirnvolumens und damit auch des Kopfes des Fötus eine noch kürzere Schwangerschaftsdauer erzwingt. Wenn die Mutter des Supermenschen von morgen nach sechs Monaten entbinden muß, wird dadurch die Kindheit und die Zeit des Lernens verlängert. Darüber, wie die Schwangerschaft früher war, wissen wir nichts Genaues, aber es ist denkbar, daß unsere Evolution in diesem Sinne verlaufen ist und auch so weitergehen kann.

Demnach ist unsere biologische Evolution im Grunde nicht beendet.

Sie ist verlangsamt, aber sie geht weiter. Denn wir bleiben den Gesetzen der Biologie unterworfen und bereit für notwendige Anpassungen. Die Viren, die sich gleichfalls weiterentwickeln, können uns Schwierigkeiten machen. Auch gegen eine kosmische Katastrophe, welche die Atmosphäre verändern würde, sind wir nicht gefeit. Hingegen kann man nicht mehr sagen, der Mensch sei einer rein natürlichen Auslese unterworfen.

Ist nicht mehr mit größeren Mutationen unserer Gene zu rechnen, die unsere Art noch verändern könnten?

Doch, mit Mutationen, selbstverständlich. Anders verhält es sich aber mit der Homozygotie, durch die sie zum Tragen kommen. In der heutigen Menschheit werden die Gene ständig durchmischt. Es gibt keine isolierten Gruppen mehr, bei denen durch genetische Drift rezessive Merkmale zum Vorschein kommen können. Es sei denn, wir würden den Weltraum besiedeln. Es ist übrigens damit zu rechnen, daß der Mensch dahin gelangt; er wird allerdings, da er mehr über die Planeten weiß, eine andere Form der Ausbreitung wählen als jene, die er vor drei Millionen Jahren ergriff, um die Erde zu erobern.

Was würde in diesem Fall geschehen?

Wenn die kleinen Populationen, die sich auf einer anderen Erde niedergelassen haben, lange isoliert bleiben, werden sie infolge genetischer Drift allmählich von uns abweichen; ihre Biologie und ihre Kultur werden eine andere Entwicklung nehmen. Stellen Sie sich all die neuen Kulturen vor, die auf anderen Planeten entstehen könnten … Und neue Arten möglicherweise auch.

Wenn wir ins All gehen, wird sich der Körper erheblich verändern. Beim Aufenthalt in der Erdumlaufbahn hat sich gezeigt, daß die Knochen rasch verkümmern, daß der Organismus nicht mehr wie gewohnt funktioniert. Wir laufen Gefahr, zu gelehrten Nacktschnecken zu werden …

Über die Bedingungen und Folgen des Lebens im All wissen wir noch sehr wenig. Die körperlichen Veränderungen in der Schwerelosigkeit sind beträchtlich, die Knochen verlieren ihre mineralischen Bestandteile. Nach einigen Millionen Jahren des Exils im All werden unsere Vettern sich zweifellos stark von uns unterscheiden. Dann werden wir möglicherweise auf eine gewisse Vielfalt von außerirdischen Populationen stoßen, vielleicht sogar auf richtige Rassen.

Die Vielfalt droht heute verlorenzugehen: Die menschliche Kultur wird immer gleichförmiger, die Welt wird global, der Planet schrumpft.

Das stimmt. Die Menschen reisen sehr viel, vermischen sich biologisch und kulturell. Das gilt auch für die Kulturen selbst. Aber wenn man zum Beispiel sieht, daß die Buschmänner oder die Indianer in, grob gesagt, »Reservate« verbannt werden, kann man sich fragen: Wenn man diese Völker in ihren Traditionen, ihren Gesängen, ihren Sprachen erhalten will, verwehrt man ihnen dann nicht den Zugang zur Welt von heute? Diese Völker haben meines Erachtens keine andere Chance, als sich genetisch und kulturell mit uns zu vermischen – und wir uns mit ihnen – oder unterzugehen. Nostalgie ist hier fehl am Platz.

Wird die seit dem Urknall zunehmende Komplexität nach Ihrer Meinung weiter zunehmen?

Ja. Der Mensch sammelt wachsendes Wissen an. Er schreitet fort zu größerer Erkenntnis, zu größerer Freiheit, zu einer immer komplexeren Kultur und möglicherweise auch Natur. Wir folgen demselben Weg wie die Materie und das Leben.

Sie gehören eher zur optimistischen Sorte?

Ganz entschieden. Ich finde, daß die menschlichen Gesellschaften sich ziemlich gut organisieren. Nach und nach entwickeln wir ein Umweltbewußtsein. Nehmen Sie den Völkerbund und die UNO; beide Organisationen haben bislang viele Schwierigkeiten gehabt. Doch wenn man die Dinge mit einem gewissen Abstand betrachtet, erkennt man, daß der Mensch innerhalb von knapp siebzig Jahren ein beträchtliches Bewußtsein seiner Stellung in der Welt entwickelt hat.

Was bedeuten schon siebzig Jahre im Hinblick auf unsere Geschichte?

Wenig. Aber viel für einen Menschen ...

Man darf nicht vergessen, daß die Dauer der modernen Zivilisation, verglichen mit den drei Millionen Lebensjahren unserer Art, verschwindend gering ist. Die heutige Menschheit kommt mir, auch wenn sie ein gewisses Reflexionsniveau erreicht hat, noch immer ziemlich jung vor. Zahlreiche Schwierigkeiten unseres Jahrhunderts rühren daher, daß viele Gesellschaften nur begrenzte Informationen über die Welt haben.

Die Zukunft des Universums

Ein Menschenleben ist, gemessen an unserer Geschichte, ein lächerliches Ereignis, haben wir mit Yves Coppens festgestellt. Befinden wir uns möglicherweise noch in der Vorgeschichte der Menschheit oder des Universums? Wie lange wird dieses sich noch ausdehnen?

HUBERT REEVES: Die letzten Beobachtungen sprechen offenbar für eine anhaltende Expansion. Demnach wäre das Universum von unendlicher Ausdehnung, und sein Leben würde sich unbegrenzt fortsetzen. Es würde sich weiter abkühlen und langsam dem absoluten Nullpunkt zustreben. Doch eine eindeutige Aussage ist nicht möglich; unsere Vorhersagen stützen sich auf Theorien, die auf der Existenz von vier und nur vier Kräften beruhen. Nichts berechtigt uns, heute zu behaupten, daß wir nicht noch weitere Kräfte entdecken werden. Solche Entdeckungen könnten unsere Vorhersagen einschränken.

Wenn das Universum sich unbegrenzt ausdehnt, heißt das dann, daß es immer leerer wird, daß die Himmelskörper sich weiter voneinander entfernen und daß der Himmel, von hier aus gesehen, vollkommen dunkel wird?

Die Sterne, die unseren Nachthimmel erhellen, nehmen nicht an der Ausdehnung teil. Im großen und ganzen entfernen sie sich nicht von uns. Die Expansion spielt sich zwischen den Galaxien ab und nicht innerhalb von ihnen. Mit der Zeit wird das Licht dieser Galaxien unseren Teleskopen immer schwächer erscheinen. Aber diese Abschwächung wird nicht vor Ablauf mehrerer Milliarden Jahre wahrnehmbar sein.

Das alles ist hypothetisch, weil es keine Menschen mehr geben wird, um Beobachtungen zu machen. Bestimmte Sterne werden sterben, und namentlich der unsere, die Sonne, nicht wahr?

Ja. Heute hat unsere Sonne, wie schon gesagt, bereits die Hälfte ihres Wasserstoffs verbrannt, sie steht in der Mitte ihres Lebens. In fünf Milliarden Jahren wird sie fast alles verbraucht haben, und dann wird sie zu einem Roten Riesen. Ihr zentraler Kern wird sich immer mehr verdichten, während ihre Atmosphäre sich im Gegenteil bis zu einer Milliarde Kilometer ausdehnen wird. Gleichzeitig wird ihre Farbe von Gelb in Rot übergehen.

Und die Planeten werden geröstet.

Ja. Die Sonne wird tausendmal heller sein als heute. Von der Erde aus gesehen, wird sie einen großen Teil des Himmels einnehmen. Die Temperatur auf unserem Planeten wird auf mehrere tausend Grad klettern. Das Leben wird verschwinden, die Erde wird sich verflüchtigen. Das wird einige hundert Millionen Jahre dauern. Unser Stern wird auch Merkur,

Venus und vielleicht Mars in Nichts auflösen. Die fernen Planeten wie Jupiter und Saturn werden ihre Atmosphäre aus Wasserstoff und Helium verlieren und nur ihre nackten riesigen Gesteinskerne behalten. Noch später wird die Sonne, ihrer atomaren Energiequelle beraubt, das Aussehen eines Weißen Zwerges von der Ausdehnung des Mondes annehmen. Im Laufe mehrerer Milliarden Jahre wird sie sich langsam abkühlen und zu einem Schwarzen Zwerg werden, einem Sternenleichnam ohne Licht.

Was wird aus der Materie, aus der die Erde bestand?

Sie wird in den interstellaren Raum zurückkehren. Später wird sie dann dem Aufbau neuer Sterne dienen, ja sogar an der Bildung neuer Planeten teilnehmen können.

Und an künftigen Epochen des Lebens?

Warum nicht? Die Atome unseres Körpers werden vielleicht eines Tages in fernen Biosphären dazu dienen, lebende Organismen zu bilden …

Die einzige Gewißheit ist, daß der Mensch nicht länger als vier Milliarden Jahre auf der Erde wird bleiben können.

Ja, aber man kann mit Yves Coppens annehmen, daß wir lange vor diesem schicksalhaften Datum in der Lage sein werden, weite interstellare Reisen zu unternehmen. Denken Sie doch an die Fortschritte, die in zwei bis drei Generationen erreicht wurden: Unsere Großmütter reisten mit maximal 50 Stundenkilometern, während wir heute über Raumschiffe verfügen, die 50 000 Stundenkilometer erreichen. Es ist nicht ausgeschlossen, daß die Weltraumsonden eines Tages Geschwindigkeiten nahe der Lichtgeschwindigkeit erreichen werden. Unsere Nachfahren werden dann in der Lage sein, sich das Licht bei fernen Sternen zu holen … ·

Konstantin Ziolkowski, der Vater der russischen Raumfahrt, hat es in die hübsche Formel gefaßt: »Die Erde ist unsere Wiege, aber man bleibt nicht ewig in seiner Wiege …« Die Evolution der Komplexität kann mit dem Menschen, aber auch ohne ihn weitergehen. Schließlich steht es nicht fest, daß wir die Helden dieser Geschichte sind.

Das stimmt. Man könnte sich vorstellen, daß die menschliche Art ausstirbt, das Leben aber nicht gänzlich verschwindet. Die Insekten zum Beispiel sind weit widerstandsfähiger als wir. Die Skorpione können mit einem Pegel radioaktiver Strahlung leben, der uns töten würde. Sie könnten einen Atomkrieg überleben, ihre Intelligenz entwickeln und die Technik ein zweites Mal entdecken. Sie würden dann, einige Jahrmillionen später, Gefahr laufen, auf ähnliche Umweltprobleme zu stoßen wie wir.

Wir haben in unseren Dialogen darauf verzichtet, einen Sinn, eine Richtung in unserer Geschichte zu finden oder zumindest einen deterministischen Standpunkt einzunehmen. Gleichwohl müssen wir feststellen, daß die Komplexität beständig zugenommen hat. Man könnte denken, daß das so weitergeht …

Was mich verblüfft, sind die zwei Seiten der Realität. Die eine zeigt diese schöne Geschichte, die wir nacherzählt haben. Bei ihr könnte man tatsächlich auf den Gedanken kommen, daß das alles einen Sinn hat. Die andere ist düsterer und enthüllt, daß der Mensch von heute unfähig ist, im Einklang mit seinesgleichen und mit der Biosphäre zu leben. Kriege und Umweltkatastrophen sind für ihn etwas Gewohntes. So als wäre irgendwann in der Evolution etwas schiefgegangen.

170

Und wie erklären Sie sich das?

Warum funktioniert es so gut in der physischen Welt und so schlecht in der menschlichen Welt? Hat die Natur, indem sie sich in der Komplexität so weit vorwagte, vielleicht ihr »Niveau der Inkompetenz« erreicht? Das wäre, glaube ich, eine Interpretation, die allein auf die Folgen der natürlichen Auslese in Darwinscher Sicht schaut. Wenn aber auf der anderen Seite das notwendige Ergebnis der Evolution die Entstehung eines freien Wesens wäre, könnte es dann nicht sein, daß wir jetzt den Preis für diese Freiheit zahlen? Das kosmische Drama ließe sich in drei Sätze zusammenfassen: Die Natur erzeugt Komplexität; die Komplexität erzeugt Leistungssteigerung; die Leistungssteigerung kann die Komplexität zerstören.

Und das hieße?

Die Menschen haben im 20. Jahrhundert zwei Arten der Selbstzerstörung erfunden: die atomare Überrüstung und die Umweltzerstörung. Ist die Komplexität lebensfähig? Ist es für die Natur eine gute Idee, eine Evolutionshöhe zu erreichen, die sie dazu bringt, sich selbst zu bedrohen? Ist die Intelligenz ein vergiftetes Geschenk?

Und was ist Ihre Antwort?

Wir sind heute mit den Grenzen unseres Planeten konfrontiert. Können zehn Milliarden Menschen gleichzeitig existieren, ohne ihn zu ruinieren? Selbst wenn man unterstellt, daß die Menschen genial sind – und sie haben es vielfach bewiesen, indem sie die Atome spalteten und das Sonnensystem erkundeten –, stehen wir doch vor einer Aufgabe, die schwieriger ist als alles, was wir bisher geleistet haben. Sie verlangt

vor allem, die Idee des wirtschaftlichen Wachstums aufzuge-
ben und uns mit einem »haltbaren Fortschritt« zu begnügen.
Es ist schwer, das unseren Verantwortlichen begreiflich zu
machen.

*Den planetaren Organismus, von dem Joël de Rosnay sprach, sich au-
tonom regeln zu lassen …*

In einem Organismus existiert ein Alarm- und Heilungssy-
stem. Bei einer Verletzung wird der ganze Körper mobilisiert.
Wir müssen ein solches System für den Planeten erfinden. Die
UNO und die humanitären Organisationen sind bereits Ansätze dazu. Man müßte noch viel weiter gehen.

*Sind wir nicht einer optischen Täuschung erlegen? Haben wir unse-
ren Blick nicht allzusehr auf unser Jahrhundert geheftet? Würde man
die Dinge aus der Sicht eines Lammes betrachten, könnte man in der
Tat sehr pessimistisch sein, aber aus der Sicht des Menschen? Sind wir
nicht einfach noch immer in der Vorgeschichte, wie Yves Coppens es
andeutete? Vielleicht wird es noch lange dauern, bis wir ein höheres
Stadium der Moral und der Zivilisation erreichen.*

Hat die Menschheit im Hinblick auf Verhalten und Moral
wirklich Fortschritte gemacht? Ich habe da meine Zweifel.
Darüber könnte man lange diskutieren. Gewiß, die Sklaverei
ist abgeschafft, die Menschenrechte sind anerkannt. Doch die
Indianer hatten bereits ein bewundernswertes Niveau des
menschlichen Verhaltens erreicht. Sie folgten Regeln des So-
zialverhaltens, die in hohem Maße die amerikanische Verfas-
sung beeinflußt haben. Claude Lévi-Strauss hat gezeigt, daß die
Sklaverei zusammen mit den Hochzivilisationen aufkommt.
Der Fortschritt der Moral ist nicht eindeutig erkennbar.

Diese Frage könnte sich auch anderswo stellen …

Unsere irdische Zivilisation ist wahrscheinlich nur eine unter vielen. Wenn man annimmt, daß die kosmische Evolution zur Bildung anderer Planeten, anderer Lebensformen, anderer intelligenter Wesen geführt hat, dann kann man auch annehmen, daß diese außerirdischen Zivilisationen mit den Gefahren konfrontiert waren, denen wir heute auf der Erde begegnen. Bei einem Besuch dieser Welten würden wir zwei ganz verschiedene Beispielfälle antreffen: ausgedörrte, von radioaktiven Abfällen übersäte Planeten bei jenen, die es nicht verstanden haben, sich anzupassen, und einladende, grüne Gefilde bei den anderen.

Symbiose oder Tod, hat Joël de Rosnay gesagt. Man kann auch sagen: Weisheit oder Rache der Materie.

Wir stehen jetzt vor der entscheidenden Frage: Sind wir imstande, mit unserer eigenen Machtfülle zu leben? Falls die Antwort nein ist, wird die Evolution ohne uns weitergehen. Wir hätten dann wie Sisyphus unseren Stein den Berg hinaufgerollt, um ihn uns letztlich doch entgleiten zu lassen. Das wäre ziemlich dumm, oder? Wir dürfen uns über den Ernst der Lage keine Illusionen machen. Trotzdem müssen wir optimistisch bleiben. Wir dürfen nichts unversucht lassen, um unseren Planeten zu retten, bevor es zu spät ist. Wir sind für ihn verantwortlich, wir sind seine Erben. Wir müssen so handeln, daß diese schöne Geschichte der Welt weitergeht.

Kenneth C. Davis

Wieso fließt der Nil bergauf?

Alles, was Sie über die Welt
wissen sollten,
aber nie gelernt haben

BASTEI
LÜBBE

*»Davis nimmt den Leser mit auf einen humorvollen Trip durch die
Geographie.«* USA Today

Die Reise beginnt mit Elefanten in den Alpen, geht weiter
über die größten Seen der Welt bis zum Sonnensystem. Der
amerikanische Bestsellerautor Kenneth C. Davis hat sich all
jenen Fragen gewidmet, deren Antworten man eigentlich
kennen sollte, aber nie gelernt oder wieder vergessen hat.
Gab es Atlantis, und wo findet man das El Dorado? Wie
schnell ist das Licht, und wie lang ist ein Lichtjahr? Droht
uns die globale Erwärmung oder eine neue Eiszeit?
Davis steuert auf intelligente und amüsante Weise die wichtigsten Winkel und Phänomene der Welt an, legt Anker
und inspiziert sie sorgfältig. Meilensteine der Geographie
werden mit amüsanten Anekdoten gewürzt – und los geht
die ebenso spannende wie informative Reise durch die
Welt, in der wir leben.

ISBN 3-404-60473-3

BASTEI
LÜBBE

Kenneth C. Davis
WAS DACHTE SICH GOTT,
ALS ER DEN MENSCHEN
ERSCHUF?
Alles, was sie über die Bibel wissen sollten,
aber nie erfahren haben

»Dieses Buch ist wie eine Reise durch die biblische Zeit mit einem modernen, intelligenten Reiseführer, der sich in der Geschichte, Psychologie, Religion, Soziologie und Anthropologie perfekt auskennt.«
Carol Adrienne

Die Bibel ist das meistverkaufte Buch der Welt, doch wer kennt sich wirklich aus mit den verschiedenen Figuren und Gleichnissen des alten und neuen Testaments? Der amerikanische Bestsellerautor Kenneth C. Davis hat die Heilige Schrift anhand der neuesten wissenschaftlichen Erkenntnisse geprüft und Antworten auf die noch immer ungewissen Fragen gefunden: Wer hat die Bibel geschrieben, und lesen wir in ihr wirklich Gottes Wort? Gab es im Garten Eden einen Apfelbaum? Stimmt es, daß Gott mit dem Teufel gewettet hat? Hatte Jesus Geschwister? In einer einzigartigen Mischung aus Theologie, Geschichte, Soziologie und Psychologie erklärt uns Davis die Bibel aus heutiger Sicht. Ein Buch, das mit bestehenden Vorurteilen aufräumt und mit beeindruckender Sachkenntnis eines der einflußreichsten Bücher der Menschheitsgeschichte ins dritte Jahrtausend führt.

ISBN 3-404-60476-8

BASTEI
LÜBBE

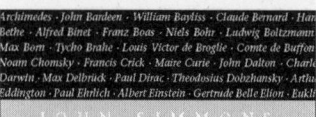

WHO IS WHO
DER WISSENSCHAFTEN

VON ARCHIMEDES BIS HAWKING, VON GAUSS BIS LORENZ

Von Archimedes bis Hawking und von Gauß bis Lorenz –
das WHO IS WHO der 100 einflußreichsten Wissenschaftler aller Zeiten ist ein einzigartiges Nachschlagewerk
und Lesevergnügen. John Simmons stellt in diesem Buch
die Wissenschaftler vor, deren Einfluß auf unsere Welt, wie
wir sie heute kennen, überall zu spüren und nicht mehr
wegzudenken ist. Sie formulierten die Bewegungsgesetze,
entdeckten das Prinzip der Elektrizität und die Relativi-
tätstheorien. Sie zerlegten chemische Substanzen in ihre
Elemente und fanden sie in der Sonne, im Mond und im
Mittelpunkt der Erde wieder. Sie entwickelten die Evolu-
tionstheorie und erhellten das Wesen der emotionalen und
kulturellen Entwicklung des Menschen u.v.m.
Die Kurzmonographien geben Einblick in das Leben und
die wichtigsten Ideen und Erkenntnisse von 100 wissenschaftlichen Genies, die ihre Zeit prägten.

ISBN 3-404-60467-9

BASTEI
LÜBBE